JN016602

1回で受かる！
乙種第4類
危険物取扱者
テキスト&問題集

コンデックス情報研究所［編著］

成美堂出版

本書の特徴と学習のポイント

■試験によくでる項目を中心に編集しました

　乙種第４類危険物取扱者の試験は３つの科目に分かれ、いずれの科目も試験の出題内容についてはある程度の傾向があります。本書は試験の出題傾向に沿って項目をピックアップし編集しました。

 出題率の高い項目です。テキスト本文に目を通し、このマークを中心にポイントを整理しましょう。

 理解を深める！　本文を補足する内容など、理解を深めるための項目です。

模擬試験問題 (2回分)

本試験の制限時間（２時間）を目標に取り組み、時間の配分や不得意な項目をチェックしましょう。

■第１章　危険物に関する法令

　消防法の規制や手続きについて幅広く出題されます。特に指定数量、免状の交付等、危険物保安監督者、定期点検、保安距離、貯蔵・取扱いの基準、運搬の基準、移送の基準、許可の取消しなどが頻出項目です。危険物施設の基準については、まず製造所、給油取扱所、販売取扱所、次に屋外・地下・移動タンク貯蔵所に関する出題がみられます。

■第２章　基礎的な物理学及び基礎的な化学

　頻出項目は、燃焼、危険物の物性、消火、静電気に関する項目です。重点的に学習しましょう。ほかに、熱の移動、物理変化と化学変化、酸化と還元などの出題がみられます。また、比熱や熱容量、熱膨張の計算や化学反応式の係数など数値に関連する問題については対応できるようにしておきましょう。

■第３章　危険物の性質並びにその火災予防及び消火の方法

　危険物の類ごとに共通する性状等に関する問題は、毎回１問程度出題されます。比較的簡単な問題が多いので、ここでしっかり加点しましょう。第４類に共通する特性、火災予防の方法、消火の方法は、第４類の受験者にとって重要な部分で、毎回複数の問題が出題されています。重点的に取り組んでおきたいところです。

　危険物の品名、物品名ごとの性状等に関する問題では、特に出題例が多いのが、第一石油類のガソリン、アルコール類のメタノール、エタノール、第２石油類の灯油、軽油、第３石油類の重油です。これらの物品については、間違えなくなるまで何度も繰り返し練習問題を解いて、準備しておきましょう。

CONTENTS

CONTENTS

第3章　危険物の性質並びにその火災予防及び消火の方法

※本書は、原則として 2024 年 9 月時点での情報により編集しています。

乙種第4類危険物取扱者　試験ガイダンス

**※試験に関する情報は変わることがあります。受験する場合には、事前に必ずご
自身で試験実施機関などの発表する最新情報をご確認ください。**

■乙種第4類危険物取扱者が取扱い可能な危険物
　　第4類の危険物（引火性液体）：ガソリン、アルコール類、灯油、軽油、重油、
　　　　　　　　　　　　　　　　　　動植物油類など

■受験資格：誰でも受験可能
■試験方法：マーク・カードを使う筆記試験（5肢択一式）
■試験時間：2時間
■試験科目：①危険物に関する法令（15問）
　　　　　　②基礎的な物理学及び基礎的な化学（10問）
　　　　　　③危険物の性質並びにその火災予防及び消火の方法（10問）
■合格基準：試験科目ごとの成績が、それぞれ60%以上の者

■受験の手続き
・**受験地**：現住所・勤務地にかかわらず希望する都道府県において受験可能
・**試験日程**：都道府県ごとに異なる
・**願書、受験案内の入手先**
　　　各道府県：（一財）消防試験研究センター各道府県支部及び関係機関・各消防本部
　　　東京都：（一財）消防試験研究センター本部・中央試験センター・都内の各消防署
・**受験の申請**：書面による各支部への申請のほか、（一財）消防試験研究センターのホー
　　　　　　　　ムページから行う電子申請が利用可能

（一財）消防試験研究センター
ホームページ：https://www.shoubo-shiken.or.jp
※各道府県支部および中央試験センターは、（一財）消防試験研究センター
　のホームページで確認することができます。

第1章
危険物に関する法令

Lesson01 消防法上の危険物、指定数量

絶対覚える！最重要ポイント

定義と指定数量の計算

① 消防法上の危険物の定義
② 第 4 類危険物の品名の定義
③ 第 4 類危険物の指定数量
④ 指定数量の倍数の計算

---

1 危険物の定義

　消防法上の「危険物」は、「**別表第一の品名欄に掲げる物品**で、同表に定める区分に応じ同表の**性質欄に掲げる性状**を有するものをいう」と定義される。性質欄に掲げる性状を有するかどうか不明な場合は、政令＊の定める判定試験を行い、物品ごとに判定する。

用語 政令　危険物の規制に関する政令。

覚える！　**重要ポイント**

危険物の定義

<u>別表第一の品名欄</u>に掲げる物品で、同表に定める区分に応じ同表の<u>性質欄に掲げる性状</u>を有するもの。

＋1　プラス　理解を深める！

消防法

　消防法では、火災危険性の高い物品などを類ごとに定められた試験（燃焼試験、引火点測定試験、ほか）により判定し、**危険物**として指定している。毒物や劇物は、すべてが消防法上の危険物に含まれるわけではない。また、刃物なども消防法上の危険物には含まれない。

2 危険物の分類（別表第一）

消防法上の危険物はその性質に応じて第1類から第6類に分類される。

 覚える！ ●**危険物の性質**（消防法別表第一より抜粋）

類別	性　質	品名（抜粋）
第1類	酸化性固体	塩素酸塩類、過塩素酸塩類、過マンガン酸塩類
第2類	可燃性固体	硫化りん、赤りん、硫黄、鉄粉、金属粉、マグネシウム
第3類	自然発火性物質及び禁水性物質	カリウム、ナトリウム、アルキルアルミニウム、アルキルリチウム、黄りん
第4類	引火性液体	特殊引火物、第1〜4石油類、アルコール類、動植物油類
第5類	自己反応性物質	有機過酸化物、硝酸エステル類、ニトロ化合物
第6類	酸化性液体	過塩素酸、過酸化水素、硝酸

※別表第一の性質欄に掲げる性状の2以上を有する物品の品名は、総務省令で定める。

また、消防法上の危険物は、常圧（1気圧）、常温（20℃）で固体または液体であり、気体は含まない。水素やプロパンなど、1気圧、20℃で気体である物品は、消防法上の危険物に該当しない。

■消防法の規制の範囲

［液体・気体・固体の定義］
液体…1気圧、20℃で液状であるもの、20℃を超え40℃以下の間で液状となるもの。
気体…1気圧、20℃で気体状のもの。
固体…液体、気体以外のもの。

 覚える！ 　重要ポイント

消防法の規制の範囲
消防法上の危険物は固体と液体であり、気体を含まない。

3 第4類危険物の品名の定義

第4類危険物の品名は、消防法別表第一備考に定義される。

 覚える！ ●第4類危険物の品名の定義

品　名	品名の定義（消防法別表第一備考より抜粋）
1. 特殊引火物	ジエチルエーテル、二硫化炭素その他1気圧において発火点が100℃以下のもの、または引火点が－20℃以下で沸点が40℃以下のもの。
2. 第1石油類	アセトン、ガソリンその他1気圧において引火点が21℃未満のもの。
3. アルコール類	1分子を構成する炭素の原子の数が1個から3個までの飽和1価アルコール（変性アルコールを含む）。 ※ただし、含有量が60％未満の水溶液を除く。
4. 第2石油類	灯油、軽油その他1気圧において引火点が21℃以上70℃未満のもの。
5. 第3石油類	重油、クレオソート油その他1気圧において引火点が70℃以上200℃未満のもの。
6. 第4石油類	ギヤー油、シリンダー油その他1気圧において引火点が200℃以上250℃未満のもの。
7. 動植物油類	動物の脂肉等または植物の種子もしくは果肉から抽出したものであって、1気圧において引火点が250℃未満のもの。

※第4類危険物の品名の定義の詳細については、第3章を参照。

第1～4石油類の引火点は数値が連動しているんだ！　関連づけて覚えよう。

4 指定数量と危険物の規制

指定数量とは、その危険性を勘案して政令で定める数量と規定されている。指定数量以上の危険物は、消防法で定められた危険物施設（製造所、貯蔵所、取扱所）以外では、貯蔵しまたは取り扱うことはできない。

●危険物の規制

	数　量	規制（技術上の基準）
貯蔵または取扱い	指定数量以上	消防法、政令、規則*等による規制
	指定数量未満	市町村条例による規制
運搬*	指定数量に関係なく	消防法、政令、規則等による規制

用語 規則　危険物の規制に関する規則。

＊運搬については、Lesson15（p.67）参照。

　指定数量は品名により、危険性の高い危険物は少なく、危険性の低い危険物は多く定められている。第4類危険物の例でみると、同じ品名の危険物でも非水溶性のものは、水による消火が難しく危険性が高いため、非水溶性の指定数量は水溶性の半分と少なくなっている。

 ●第4類危険物の指定数量

品　名	性　質	主な物品		指定数量	
特殊引火物	―	ジエチルエーテル	高	50L	
第1石油類	非水溶性	ガソリン、トルエン		200L	半分
	水溶性	アセトン	危険性	400L	
アルコール類	―	メタノール、エタノール		400L	
第2石油類	非水溶性	灯油、軽油		1,000L	半分
	水溶性	酢酸、アクリル酸		2,000L	
第3石油類	非水溶性	重油		2,000L	半分
	水溶性	グリセリン		4,000L	
第4石油類	―	ギヤー油、シリンダー油	低	6,000L	
動植物油類	―	アマニ油		10,000L	

5 指定数量の倍数

　指定数量の倍数とは、その場所に貯蔵し、または取り扱う危険物が指定数量の何倍かを表す数値のことである。指定数量の倍数の求め方は次のとおりである。

①危険物が1種類の場合

　同一の場所でAの危険物を貯蔵し、または取り扱っている場合、

$$\frac{\text{Aの数量}}{\text{Aの指定数量}} = 指定数量の倍数 \quad となる。$$

例えば、灯油5,000Lを貯蔵している場合、

$$\frac{灯油の数量}{灯油の指定数量} = \frac{5000}{1000} = 5$$

指定数量の5倍の灯油を貯蔵していることになり、倍数が1以上＝指定数量以上であるので、消防法の規制を受ける。

②危険物が2種類以上の場合

同一の場所で2以上の危険物を貯蔵し、または取り扱う場合は、それぞれの危険物ごとの倍数を求め、その数値を合計する。

例えば、アセトン100L、メタノール200L、軽油500Lを貯蔵している場合、

$$\frac{アセトンの数量}{アセトンの指定数量} + \frac{メタノールの数量}{メタノールの指定数量} + \frac{軽油の数量}{軽油の指定数量}$$

$$= \frac{100}{400} + \frac{200}{400} + \frac{500}{1000} = 0.25 + 0.5 + 0.5 = 1.25$$

指定数量の倍数は1.25倍であり、1以上＝指定数量以上の危険物を貯蔵していることになり、消防法の規制を受ける。

覚える！　　**重要ポイント**

危険物が2種類以上の場合

同一の場所でA、B、Cの危険物を貯蔵し、または取り扱っている場合、

$$\frac{Aの数量}{Aの指定数量} + \frac{Bの数量}{Bの指定数量} + \frac{Cの数量}{Cの指定数量} = 指定数量の倍数$$

 練 習 問 題

問01 法別表第一に掲げる危険物の性質および品名の組合せとして、次のうち誤っているものはどれか。

1	酸化性固体	過酸化水素	2	可燃性固体	硫黄
3	引火性液体	アルコール類	4	自己反応性物質	硝酸エステル類

5　酸化性液体　　硝酸

解答　1 ［危険物の分類　→ p.9］

過酸化水素は酸化性液体（第6類）である。

問02　消防法に定められている品名として、次のうち正しいものはどれか。

1　第1石油類　　軽油　　　　　　　　2　特殊引火物　　　アセトン
3　第2石油類　　ジエチルエーテル　　4　第3石油類　　　クレオソート油
5　第4石油類　　重油

解答　4 ［第4類危険物の品名の定義　→ p.10］

軽油は第2石油類、アセトンは第1石油類、ジエチルエーテルは特殊引火物、
クレオソート油は第3石油類、重油は第3石油類である。

**解法の
ポイント！**　第4類危険物の品名の定義は、ガソリン、灯油などの物品名のほかに引火点に
ついてもしっかりと覚えておく。

問03　法令上、屋内貯蔵所に次の危険物を貯蔵する場合、貯蔵量は指定数量の何
倍になるか。

灯油……………200L　　　　　ガソリン………300L
重油……………800L　　　　　メタノール……200L
特殊引火物………10L

1　2.3倍　　　　2　2.5倍　　　　3　2.8倍　　　　4　3.2倍　　　　5　3.5倍

解答　3 ［指定数量の倍数　→ p.12］

それぞれの危険物の倍数を求めると、灯油（指定数量1,000L）200 ÷ 1000 ＝
0.2、重油（指定数量2,000L）800 ÷ 2000 ＝ 0.4、特殊引火物（指定数量50L）
10 ÷ 50 ＝ 0.2、ガソリン（指定数量200L）300 ÷ 200 ＝ 1.5、メタノール（指
定数量400L）200 ÷ 400 ＝ 0.5である。これを合計すると2.8となる。

OIL Lesson02 製造所等の区分、各種申請・届出の手続き

絶対覚える！最重要ポイント	①製造所等の区分
製造所等と申請・届出	②製造所等の設置・変更の手続き
	③仮使用、仮取扱い
	④危険物の品名、数量の変更の手続き

1 危険物施設（製造所等）

　指定数量以上の危険物を貯蔵しまたは取り扱う施設（危険物施設）は、製造所、貯蔵所、取扱所の3つに区分され、これらをまとめて「製造所等」という。

2 製造所等の区分

①製造所

　製造所は、危険物を製造する施設で、石油会社の石油精製工場や、アルコール製造工場などがある。

②貯蔵所

　貯蔵所は、危険物を貯蔵し、または取り扱う施設で7種類に分かれる。

 覚える！　●貯蔵所の種類

貯蔵方法			貯蔵所の種類
貯蔵 容器に収納し	屋内		**屋内貯蔵所**：屋内で容器に収納した危険物を貯蔵し、または取り扱う。 ［例］各種の貯蔵倉庫
	屋外		**屋外貯蔵所**：屋外の場所（タンク以外）で危険物を貯蔵し、または取り扱う（対象の危険物は制限*されている）。 ［例］ドラム缶に入れた危険物を屋外で貯蔵する施設

固定タンクに貯蔵	屋内	**屋内タンク貯蔵所**：屋内にあるタンクで危険物を貯蔵し、または取り扱う（タンク容量は、指定数量40倍以下）。 ［例］ビルや工場のボイラー燃料を貯蔵するタンク
	屋外	**屋外タンク貯蔵所**：屋外にあるタンクで危険物を貯蔵し、または取り扱う。 ［例］主に大容量の石油類を貯蔵するタンク
	屋内または屋外	**地下タンク貯蔵所**：地盤面下に埋没されているタンクで危険物を貯蔵し、または取り扱う。 ※図はタンク室に設置する例。
		簡易タンク貯蔵所：簡易貯蔵タンクで危険物を貯蔵し、または取り扱う（簡易貯蔵タンク容量（1基）は、600L以下）。 ※比較的少量の危険物を貯蔵する。
移動タンクに貯蔵	―	**移動タンク貯蔵所**：車両に固定されたタンクで危険物を貯蔵し、または取り扱う（タンク容量は、30,000L以下）。 ［例］タンクローリー

＊屋外貯蔵所で貯蔵または取り扱うことができる危険物については、Lesson07（p.39）参照。

③取扱所

　取扱所は、製造する目的以外で危険物を取り扱う施設で4種類に分かれる。

●取扱所の種類

| **給油取扱所**：固定給油設備により、自動車等に直接給油する取扱所（固定注油設備により、灯油、軽油を容器に詰め替えることも可能）。
［例］ガソリンスタンド |
| **販売取扱所**：店舗で容器入りのまま危険物を販売する取扱所。
第1種…指定数量の倍数が15以下、第2種…指定数量の倍数が15を超え40以下。　［例］塗料販売店、薬品販売店 |
| **移送取扱所**：配管、ポンプ、それに附属する設備で危険物の移送を行う取扱所。
［例］パイプライン |
| **一般取扱所**：上記（給油取扱所、販売取扱所、移送取扱所）以外の危険物の取扱いをする取扱所。
［例］燃料に大量の重油等を使用するボイラー施設 |

覚える！　　重要ポイント

販売取扱所（第1種・第2種）

販売取扱所は取り扱う危険物の量（指定数量の倍数）により区分される。

第1種…15以下。　　第2種…15を超え40以下。

3 申請と届出

　消防法に定められている危険物関係の手続きには申請と届出の2つがある。申請手続きには許可申請、承認申請、検査申請、認可申請の4つがあり、それぞれ許可、承認、検査、認可を受けるための申請である。届出は、届け出るだけでよく、承認などを受ける必要はない。申請は届出よりも厳しい規制がかかる事項に関する手続きといえる。

●申請手続きの種類

手続き	項　目	申請先
許可	製造所等の設置、製造所等の位置・構造・設備の変更	市町村長等
承認	仮使用	市町村長等
	仮貯蔵・仮取扱い	所轄消防長または消防署長
検査	完成検査前検査、完成検査、保安検査*	市町村長等
認可	予防規程*の制定・変更	市町村長等

＊保安検査についてはLesson05（p.32）、予防規程についてはLesson04（p.27）参照。

4 製造所等の設置・変更

　指定数量以上の危険物を貯蔵し、または取り扱う場合は、製造所等を設置し、定められた基準に沿って安全に危険物を貯蔵し、または取り扱わなければならない。

　製造所等を設置する場合や、製造所の位置、構造または設備を変更する場合は、市町村長等に申請し、許可を受けなければならない。この場合、許可を受けるまでは設置、変更の工事に着工してはならない。また、工事が完了したときは、市町村長等が行う完成検査を受けなければならない。

　ただし、液体危険物タンクを有する製造所等の場合には、全体の完成検査を受ける前に、市町村長等が行う完成検査前検査を受けなければならない。

覚える！　　重要ポイント

製造所等の設置・変更の工事

市町村長等の許可を受けてから工事着工。

市町村長等が行う完成検査を受けてから使用開始。

覚える！ ●許可申請から使用開始までの流れ

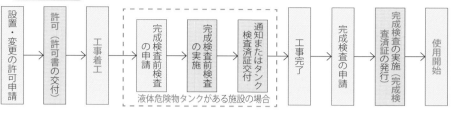

設置・変更の許可申請 → 許可（許可書の交付） → 工事着工 → ┊ 完成検査前検査の申請 → 完成検査前検査の実施 → 通知またはタンク検査済証交付 ┊ → 工事完了 → 完成検査の申請 → 完成検査の実施（完成検査済証の発行） → 使用開始

液体危険物タンクがある施設の場合

5 仮使用、仮貯蔵・仮取扱い

①仮使用

使用中の既存の製造所等で一部を変更する工事を行う場合、変更の工事に係る部分以外の部分の全部または一部を使用することを市町村長等に申請し、仮使用の承認を受けたときは、仮に使用することが認められる。

■仮使用の例

②仮貯蔵・仮取扱い

指定数量以上の危険物は、製造所等以外の場所での貯蔵または取扱いは禁止されている。ただし、所轄消防長*または消防署長*に申請し、仮貯蔵・仮取扱いの承認を受けたときは、指定数量以上の危険物を10日以内に限り製造所等以外の場所で貯蔵し、または取り扱うことができる。

用語 消防長　市町村の消防本部の長。　　消防署長　各消防署の長。

覚える！ ●仮使用、仮貯蔵・仮取扱いの比較

	仮使用	仮貯蔵・仮取扱い
対象	（許可を受けていて）使用中の製造所等	製造所等以外の場所
内容	変更工事中、工事と関係がない部分を仮に使用する	指定数量以上の危険物を貯蔵し、または取り扱う
期間	変更工事の期間中	10日以内
申請	市町村長等の承認	所轄消防長または消防署長の承認

6 各種届出手続き

届出項目	届出の期限	届出先
・危険物の品名・数量または指定数量の倍数の変更	変更しようとする日の10日前まで	市町村長等
・製造所等の譲渡または引渡し	遅滞なく	
・製造所等の用途の廃止　・危険物保安統括管理者*、危険物保安監督者*の選任・解任		

＊危険物保安統括管理者、危険物保安監督者については、Lesson04（p.25、26）参照。

 申請先・届出先（許可権者）
理解を深める！

　市町村長等などの申請先および許可を与える行政庁を許可権者という。「市町村長等」は市町村長、都道府県知事、総務大臣のいずれかで製造所等の設置場所により異なる。
●製造所等（移送取扱所を除く）の設置場所が、①消防本部、消防署を置く市町村は市町村長、②それ以外の市町村は都道府県知事に申請する。
●移送取扱所の設置場所が、①消防本部、消防署を置く1の市町村の場合は市町村長、②消防本部、消防署を置かない市町村、または2以上の市町村にまたがる場合は都道府県知事、③2以上の都道府県にまたがる場合は総務大臣に申請する。

 練 習 問 題

問01 法令上、製造所の位置、構造、または設備を変更する場合の手続きとして、次のうち正しいものはどれか。

1　変更の工事に着手した後、その旨を市町村長等に届け出なければならない。

2　工事の変更に係る部分の完成後、10日以内に市町村長等の許可を受ける。

3　市町村長等の承認を受ける前に変更工事に着手してはならない。

4　変更の工事を開始しようとする日の10日前までに、市町村長等に届け出る。

5　市町村長等に変更の許可を受けてから変更工事に着手しなければならない。

解答　5　　　　　　　　　　　　　　　　　[製造所等の設置・変更　→ p.16]

　3は、市町村長等の許可を受ける前に変更工事に着手してはならない。

^{OIL}Lesson03 危険物取扱者制度、保安講習

> **絶対覚える！最重要ポイント**
>
> **免状の区分と手続き**
>
> ① 危険物取扱者免状の区分とできること（取扱い・立会い）
> ② 危険物取扱者免状の手続き（交付・書換え・再交付）
> ③ 保安講習の受講義務・受講期限

1 危険物取扱者

①危険物取扱者の区分

　危険物取扱者試験に合格し、**危険物取扱者免状の交付を受けた者**が**危険物取扱者**である。免状は、甲種、乙種、丙種の**3種類**に区分される。

　製造所等での危険物の取扱いは、危険物取扱者が自ら行うか、甲種または乙種危険物取扱者の立会いを受けた者が行わなければならない。製造所等では、取り扱う危険物の量が指定数量未満であっても、**危険物取扱者以外の者**だけが危険物を取り扱うことは**禁止**される。

👆 覚える！ ●**危険物取扱者の免状の区分**

区分	取扱い	立会い
甲種	すべての類の危険物	すべての類の危険物
乙種	免状を取得した類の危険物	免状を取得した類の危険物
丙種	第4類のうち指定された危険物*	×（立会いは不可）

＊「第4類のうち指定された危険物」とは、①ガソリン、②灯油、③軽油、④第3石油類（重油、潤滑油および引火点が130℃以上のものに限る）、⑤第4石油類、⑥動植物油類であり、これらの危険物については丙種危険物取扱者が自ら取り扱うことができる。

②危険物取扱者の責務

　危険物取扱者は、危険物の取扱作業に従事するときは、法令で定める危険物の貯蔵または取扱いの技術上の基準を遵守し、その危険物の保安の確保について細心の注意を払わなければならない。また、危険物取扱者（甲種または乙種）は、危険物取扱作業の立会いをする場合、取扱作業に従事する者が法令で定める危険物の貯蔵

または取扱いの技術上の基準を遵守するよう監督し、必要に応じて指示を与える。

2 危険物取扱者免状

①免状の交付

危険物取扱者免状の交付は、危険物取扱者試験に合格した者に対し、都道府県知事が行う。免状交付の申請は、試験の合格を証明する書類を添え、試験を行った都道府県知事に申請する。免状は、それを取得した都道府県内だけでなく、全国で有効である。

②免状の書換え・再交付

免状の記載事項に変更が生じた場合は免状の書換え、免状の亡失・滅失・汚損・破損があった場合は免状の再交付の申請を行わなければならない。申請の手続きについては、次表のとおりである。

●免状の書換え・再交付

手続	内　容	申請先	添付するもの
書換え	・氏名、本籍地等の変更 ・免状の写真が撮影から10年を超える前 ※書換えは遅滞なく申請すること	免状の交付地、または居住地もしくは勤務地の都道府県知事	・戸籍抄本等 ・写真（6か月以内に撮影）
再交付	亡失＊・滅失＊・汚損・破損	免状の交付、書換えを受けた都道府県知事	汚損・破損の場合は、免状を添える
再交付	再交付後、亡失した免状を発見	再交付を受けた都道府県知事	発見した免状を10日以内に提出

用語 亡失　見失い、見つからないこと。　　滅失　滅びうせる、なくなること。

覚える！　重要ポイント

危険物取扱者免状

●都道府県知事が交付する。免状は、全国で有効である。

●免状の写真が10年を経過したときは書換えが必要（遅滞なく）。

●再交付後、亡失した免状を発見したときは、再交付を受けた都道府県知事に10日以内に発見した免状を提出する。

③免状の返納命令・不交付

　免状を交付した都道府県知事は、危険物取扱者が消防法または消防法に基づく命令の規定に違反しているときは、免状の返納を命じることができる。免状の返納を命じられた者は、直ちに危険物取扱者の資格を失う。

　また、都道府県知事は、危険物取扱者試験に合格した者でも、次のいずれかに該当する者に対しては免状の交付を行わないことができる。

● 都道府県知事から免状の返納を命じられ、その日から起算して1年を経過しない者。
● 消防法または消防法に基づく命令の規定に違反して罰金以上の刑に処せられた者で、その執行が終わり、または執行を受けることがなくなった日から起算して2年を経過しない者。

3 保安講習の受講義務

　製造所等において、危険物の取扱作業に従事する危険物取扱者（甲種・乙種・丙種いずれかの免状を有している者）は、都道府県知事が行う危険物の取扱作業の保安に関する講習（保安講習）を受講しなければならない。保安講習の受講場所に指定はなく、全国どこの都道府県であっても受講できる。保安講習には受講期限があり、期限内に受講しない場合、消防法の規定により都道府県知事から危険物取扱者免状の返納を命じられることがある。

+1
プラス
理解を
深める！

保安講習の受講義務のない者は？
● 危険物取扱者の免状を有しているが、実際に危険物の取扱作業に従事していない者。
● 危険物取扱者でない者（免状を有していない者）で、危険物の取扱作業に従事している者。

4 保安講習の受講期限

　製造所等において、危険物の取扱作業に従事する危険物取扱者は、危険物取扱者免状の交付日、または都道府県知事が行う保安講習を受講した日以後における、最初の4月1日から3年以内に保安講習を受講しなければならない。以降、危険物の取扱作業に従事している間は、受講日以後における最初の4月1日から3年以内ごとに受講を繰り返す。

①継続して危険物の取扱作業に従事する者

　保安講習を受講した日以後の最初の4月1日から3年以内に受講。

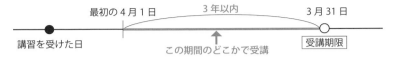

②新たに危険物の取扱作業に従事する者

　新たに従事する日から1年以内に受講。

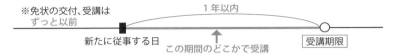

③新たに危険物の取扱作業に従事する者で、2年以内に免状の交付または講習を受けている者

　免状交付日または受講日以後における最初の4月1日から3年以内に受講。

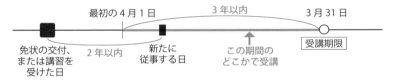

覚える！ **重要ポイント**

保安講習の受講義務

対象は、製造所等で危険物の取扱作業に従事する危険物取扱者。

期限内に未受講の場合、都道府県知事から免状の返納を命じられることがある。

保安講習の受講期限

危険物の取扱作業に、

①継続して従事…受講した日以後の、最初の4月1日から3年以内。

②新たに従事…新たに従事する日から1年以内。

③新たに従事（2年以内に免状交付または受講）…免状交付日または受講日以後における最初の4月1日から3年以内。

練 習 問 題

問01 法令上、製造所等における危険物の取扱いについて、次のA～Eのうち正しいもののみの組合せはどれか。

A　すべての乙種危険物取扱者は、丙種危険物取扱者が取り扱うことができる危険物を自ら取り扱うことができる。

B　危険物取扱者以外の者は、甲種、乙種または丙種の免状を有する者の立会いを受ければ、危険物を取り扱うことができる。

C　製造所等の所有者の指示があった場合は、危険物取扱者以外の者でも、指定数量未満の危険物であれば、危険物取扱者の立会いなしに取り扱うことができる。

D　乙種危険物取扱者が免状に指定された類以外の危険物を取り扱う場合、甲種危険物取扱者または、当該危険物を取り扱うことができる乙種危険物取扱者の立会いがあればよい。

E　危険物取扱者以外の者が危険物を取り扱う場合、乙種危険物取扱者が立ち会うことができるのは、自ら取り扱うことができる危険物に限られている。

1　A B　　　2　B C　　　3　A D　　　4　C E　　　5　D E

解答 5　　　　　　　　　　　　　　　　　　　　［危険物取扱者　→ p.19］

D、Eが正しい。

Aは、乙種危険物取扱者は、**免状に指定された類以外**の危険物を取り扱うことはできない。**B**は、**丙種**の免状を有する者が立ち会うことはできない。**C**は、たとえ**指定数量未満**であったとしても、また、製造所等の所有者の指示があっても、甲種または乙種危険物取扱者が**立ち会わなければならない**。

OIL Lesson04 危険物施設の保安体制、予防規程

<table>
<tr><td rowspan="4">絶対覚える！
最重要ポイント

危険物
保安監督者</td><td>①危険物保安監督者・危険物施設保安員の資格と業務</td></tr>
<tr><td>②危険物保安監督者の選任が必要な製造所等</td></tr>
<tr><td>③予防規程（認可・定めるべき製造所等と主な事項）</td></tr>
</table>

1 危険物施設の保安体制

　危険物施設での災害の発生防止のために、法令上、製造所等で保安の確保等に関する業務を行う者として、危険物保安統括管理者、危険物保安監督者、危険物施設保安員が制度化されている。これらの役職を選任するのは製造所等の所有者、管理者または占有者である。

 覚える！ ●危険物の取扱いに関する役職

	選任単位	資　格	選任・解任の届出先	選任・解任を行う人
危険物保安統括管理者	事業所ごと	不要	市町村長等（遅滞なく）	製造所等の所有者等
危険物保安監督者	製造所等ごと	甲種または乙種、6か月以上の実務経験		
危険物施設保安員	製造所等ごと	不要	不要	

理解を
深める！

危険物施設の保安体制
　製造所等の規模により、次のような保安に関する業務を行う者が配置される。
●危険物保安統括管理者（事業所全体の保安業務を統括管理）
●危険物保安監督者（製造所等ごとの保安に関する業務の監督）
●危険物施設保安員（危険物保安監督者の保安業務の補佐）
●危険物取扱者（危険物の取扱作業に従事）

2 危険物保安監督者

（1）危険保安監督者の選任

　危険物保安監督者は、製造所等ごとに選任され、危険物の取扱作業に関する保安の監督を行う。危険物保安監督者になるには、甲種または乙種（取得済みの類のみ）の危険物取扱者で、製造所等での6か月以上の実務経験が必要である。なお、丙種の危険物取扱者は選任される資格はない。

　選任を行うのは、製造所等の所有者、管理者または占有者であり、選任・解任を行ったときは、遅滞なく市町村長等へ届け出なくてはならない。

　危険物保安監督者の選任を必要とする製造所等は、危険物の品名、数量により細かく定められている。危険物の数量、種類に関係なく、常に選任が必要な製造所等と選任を必要としない製造所等は次表のとおりである。

これだけ覚えれば試験に対応できます！

覚える！　●危険物保安監督者の選任義務

選任を必要とする製造所等	選任を必要としない製造所等
①製造所　　②屋外タンク貯蔵所 ③給油取扱所　④移送取扱所	①移動タンク貯蔵所

（2）危険物保安監督者の業務

①危険物の取扱作業の実施に際し、その作業が貯蔵または取扱いに関する技術上の基準、および予防規程（p.27参照）等の保安に関する規定に適合するように、作業者に対し必要な指示を与える。

②火災等の災害が発生した場合は、作業者を指揮して応急の措置を講ずるとともに、直ちに消防機関その他関係のある者に連絡する。

③危険物施設保安員を置く製造等にあっては、危険物施設保安員へ必要な指示を与える。危険物施設保安員を置かない製造所等では、危険物保安監督者自らが危険物施設保安員の業務を行う。

④火災等の災害防止に関し、隣接する製造所等その他の関連する施設の関係者との連絡を保つ。

3 危険物施設保安員

（1）危険物施設保安員の選任

　危険物施設保安員は、危険物保安監督者のもとで、製造所等の構造および設備に係る保安のための業務を行う。危険物施設保安員になるための資格は、規定されていない。選任を行うのは、製造所等の所有者、管理者または占有者であるが、選任・解任を行ったときの届出は必要ない。

👆 覚える！　●危険物施設保安員の選任が必要な製造所等

対象となる製造所等	貯蔵・取り扱う危険物の数量等
①製造所　②一般取扱所	指定数量の倍数が100以上
③移送取扱所	すべて

（※規則により、一部除外される施設がある）

（2）危険物施設保安員の業務

①製造所等の構造および設備を技術上の基準に適合するように維持するため、定期点検*や臨時点検を実施し、点検場所や実施した措置を記録して保存する。

②製造所等の構造および設備に異常を発見した場合は、危険物保安監督者その他関係のある者に連絡し、適当な措置を講ずる。

③火災が発生したとき、または火災発生の危険性が著しいときは、危険物保安監督者と協力して応急措置を講ずる。

④製造所等の計測装置、制御装置、安全装置等の機能が適正に保持されるように保安管理を行う。

＊定期点検については、Lesson05（p.30）参照。

4 危険物保安統括管理者

　危険物保安統括管理者は、敷地内に複数の製造所等を有し、大量の第4類危険物を貯蔵しまたは取り扱う事業所において選任され、事業所全体の危険物の保安に関する業務を統括管理する。

　選任を行うのは、製造所等の所有者、管理者または占有者であり、選任・解任を行ったときは、遅滞なく市町村長等へ届け出なくてはならない。

覚える！ ●危険物保安統括管理者の選任が
必要な製造所等

対象となる製造所等	貯蔵・取り扱う 第4類危険物の数量等
①製造所　②一般取扱所	指定数量の倍数が3,000以上
③移送取扱所	指定数量以上

（※規則により、一部除外される施設がある）

大量の第4類危険物を貯蔵・取り扱う事業所には、複数の製造所等を有する大規模なものがあります。

 覚える！　重要ポイント

危険物保安監督者

製造所等ごとに、危険物の保安に関する業務の監督を行う。業務の基本となるのは、危険物の貯蔵または取扱いに関する技術上の基準。

危険物施設保安員

危険物保安監督者のもとで、製造所等の構造および設備に係る保安のための業務を行う。製造所等の構造および設備が技術上の基準に適合するように維持することが主な業務。

危険物保安統括管理者

複数の製造所等を有する事業所全体の危険物の保安に関する業務を統括管理する。

5　予防規程

　製造所等の火災を予防するために、製造所等の所有者、管理者または占有者は、予防規程を定めなければならない。予防規程は、製造所等がそれぞれの実情に沿って作成する火災予防のための自主保安に関する規程である。製造所等の所有者、管理者または占有者およびその従業者は、予防規程を遵守する義務がある。

（1）認可と変更命令

　製造所等の所有者、管理者または占有者は、予防規程を定めたときは市町村長等の認可（p.16参照）を受けなければならない。また、予防規程を変更するときも、同様に市町村長等の認可を受ける。

市町村長等は、予防規程が危険物の貯蔵、または取扱いの技術上の基準に適合していないとき、その他火災の予防のために適当でないと認めるときは認可をしてはならない。また、火災の予防のために必要があるときは、市町村長等は、予防規程の変更を命じることができる。

 覚える！ ┃ **重要ポイント**

> **予防規程**
> 製造所等の所有者等が定める火災予防のための自主保安に関する規程。
> 予防規程を定めたまたは変更するとき、製造所等の所有者等は、市町村長等の認可を受ける。

> 申請手続きのなかで、「認可」を
> 受けるのは予防規程だけです。

（2）予防規程を定めなければならない製造所等

 覚える！ ●予防規程を定めなければならない製造所等

貯蔵・取り扱う危険物の数量にかかわらず、すべてに作成が必要な製造所等	貯蔵・取り扱う危険物の数量が一定以上の場合に、作成が必要な製造所等　※（　）内は指定数量の倍数
①給油取扱所 ②移送取扱所	①製造所（10以上）　　②屋内貯蔵所（150以上） ③屋外貯蔵所（100以上） ④屋外タンク貯蔵所（200以上）　⑤一般取扱所（10以上）

（※規則により、一部除外される施設がある）

（3）予防規程に定めるべき主な事項

●予防規程に定めるべき主な事項

①	危険物の保安に関する業務を管理する者の職務および組織に関すること。
②	危険物保安監督者が、旅行、疾病その他の事故によってその職務を行うことができない場合にその職務を代行する者に関すること。
③	危険物の保安に係る作業に従事する者に対する保安教育に関すること。
④	危険物の保安のための巡視、点検および検査に関すること。
⑤	危険物施設の運転または操作に関すること。

⑥	顧客に自ら給油等をさせる給油取扱所にあっては、顧客に対する監視その他保安のための措置に関すること。
⑦	災害その他の非常の場合に取るべき措置に関すること。
⑧	地震が発生した場合および地震に伴う津波が発生し、または発生するおそれがある場合における施設および設備に対する点検、応急措置等に関すること。
⑨	製造所等の位置、構造および設備を明示した書類および図面の整備に関すること。
⑩	荷卸し中の固定給油設備等の使用に係る安全対策を講じた給油取扱所にあっては、専用タンクへの危険物の注入作業が行われているときに給油または容器への詰替えが行われる場合の当該危険物の取扱作業の立会および監視その他の保安のための措置に関すること。
⑪	営業時間外の係員以外の者の出入り制限緩和のための安全対策を講じた給油取扱所にあっては、緊急時の対応に関する表示その他給油の業務が行われていないときの保安のための措置に関すること。

 覚える！　　重要ポイント

予防規程に定めるべき事項

製造所等の火災などの災害の予防に関する項目が定められている。

 練 習 問 題

問01 法令上、危険物保安監督者の業務に関する次の文の（　）内の A、B に当てはまる語句はどれか。

「火災等の災害が発生した場合は、（A）を指揮して応急の措置を講ずるとともに、直ちに消防機関その他（B）に連絡する。」

	（A）	（B）
1	作業者	の機関
2	危険物施設保安員	関係のある者
3	危険物保安監督者	関係のある者
4	作業者	関係のある者
5	危険物保安監督者	の機関

解答　4　　　　　　　　　　　　　　　　　[危険物保安監督者　→ p.25]

Lesson05 定期点検・保安検査

絶対覚える！最重要ポイント	①定期点検の対象となる製造所等
	②定期点検の実施者と立会い者
定期点検	③点検時期は 1 年に 1 回以上、点検記録は 3 年間保存
	④保安検査は市町村長等が行う

1 定期点検

　政令で定める製造所等の所有者、管理者または占有者は、これらの製造所等について定期に点検し、その点検記録を作成し、一定の期間これを保存することが義務づけられている。定期点検は、製造所等の位置、構造および設備が技術上の基準に適合しているかについて行う。

 覚える！ ●定期点検の実施対象となる製造所等

対象となる製造所等	貯蔵し、または取り扱う危険物の数量等
製造所	指定数量の倍数が 10 以上のもの、および地下タンクを有するもの
屋内貯蔵所	指定数量の倍数が 150 以上のもの
屋外貯蔵所	指定数量の倍数が 100 以上のもの
屋外タンク貯蔵所	指定数量の倍数が 200 以上のもの
地下タンク貯蔵所 移動タンク貯蔵所 移送取扱所	すべて
給油取扱所	地下タンクを有するもの
一般取扱所	指定数量の倍数が 10 以上のもの、および地下タンクを有するもの

（※規則により、一部除外される施設がある）

 +1 プラス 理解を深める！

定期点検の実施対象
●地下タンクを有するものはすべて対象（地上からは漏れの確認ができず危険なため）。
●移動タンク貯蔵所はすべて対象（走行中の漏えいは危険なため）。
定期点検の対象外の施設：簡易タンク貯蔵所、屋内タンク貯蔵所、販売取扱所。

2 定期点検の実施者

　定期点検は、危険物取扱者（甲種、乙種、丙種）または危険物施設保安員が行わなければならない。ただし、危険物取扱者（甲種、乙種、丙種）の立会いがあれば、危険物取扱者以外の者でも点検を行うことができる。危険物の取扱作業の立会いができるのは危険物取扱者（甲種、乙種）であるが、定期点検では、丙種も含めた危険物取扱者の立会いが可能となる。

　ただし、次の点検については、点検の実施者は限定される。

・タンクや配管の漏れの有無を確認する点検…点検の方法に関する知識および技能を有する者が行う（対象：①地下貯蔵タンク、②二重殻タンクの強化プラスチック製の外殻、③地下埋設配管、④移動貯蔵タンク）。

・固定式の泡消火設備に関する点検…泡の発泡機構、泡消火薬剤の性状および性能の確認等に関する知識および技能を有する者が行う。

3 定期点検の時期

　定期点検は、1年に1回以上行わなければならない。ただし、定期点検のうち、次のタンクや配管の漏れの有無を確認する点検については、点検の時期は別に定められている。

・地下貯蔵タンクの漏れの点検

・二重殻タンクの強化プラスチック製の外殻の漏れの点検

・地下埋設配管の漏れの点検

・移動貯蔵タンクの漏れの点検

4 定期点検の記録と保存

①点検記録の記載事項

　定期点検の記録には、次の事項を記載しなければならない。

●点検をした製造所等の名称　●点検の方法および結果　●点検年月日

●点検を行った危険物取扱者、危険物施設保安員、点検に立ち会った危険物取扱者の氏名

②点検記録の保存

　定期点検の記録は、3年間保存しなければならない。ただし、移動タンク貯蔵所の漏れの点検の記録は10年間、屋外貯蔵タンクの内部点検の記録は26年間（または30年間）保存しなければならない。

③点検記録の提出

　定期点検の記録は、市町村長等や消防機関への届出の義務はないが、消防機関から、資料の提出を求められることがある。

 覚える！　**重要ポイント**

定期点検

実施者…①危険物取扱者（甲種、乙種、丙種）、②危険物施設保安員、③危険物取扱者以外の者（危険物取扱者（甲種、乙種、丙種）の立会いが条件）。

時期…1年に1回以上行う。

記録の保存期間…3年間（移動タンク貯蔵所の漏れの点検は10年間、屋外貯蔵タンクの内部点検は26年間）。

届出の義務…なし（消防機関から提出を求められることがある）。

5 保安検査

　保安検査は、屋外タンク貯蔵所と移送取扱所で規模の大きなものについて、より安全性を確保するための検査である。政令で定める屋外タンク貯蔵所または移送取扱所の所有者、管理者または占有者は、政令で定める時期ごとに、屋外タンク貯蔵所または移送取扱所に係る構造および設備に関する事項で政令に定めるものが技術上の基準に従って維持されているかどうか、市町村長等が行う保安に関する検査を受けなければならない。保安検査には、定期保安検査（定期的な検査）と、臨時保安検査（不等沈下による流出のおそれがある場合など、特定のことが起こったときに受ける検査）の2種類がある。

大きな施設での事故は被害や影響が大きいので、市町村長等による保安検査が特に義務づけられているんだね！

覚える！　重要ポイント

保安検査の実施者…市町村長等。

定期保安検査…屋外タンク貯蔵所（容量10,000kL以上）8年に1回。

　　　　　　　　　移送取扱所（配管の延長が15kmを超えるもの）1年に1回。

臨時保安検査…屋外タンク貯蔵所（容量1,000kL以上）不等沈下の発生時など。

※検査事項は、液体危険物タンクの底部の板の厚さ、液体危険物タンクの溶接部など。

 練 習 問 題

問01 法令上、製造所等の定期点検について、次のうち誤っているものはどれか。ただし、規則で定める漏れの点検および固定式の泡消火設備に関する点検を除く。

1　原則として1年に1回以上行わなければならない。

2　製造所等の所有者、管理者または占有者は、定期点検の結果を市町村長等に報告しなければならない。

3　危険物施設保安員は、定期点検を行うことができる。

4　定期点検は、製造所等の位置、構造および設備が技術上の基準に適合しているかどうかについて行う。

5　危険物取扱者と危険物施設保安員以外の者でも、危険物取扱者の立会いがあれば定期点検を行うことができる。

解答 2　　　　　　　　　　　　　　　　　　　　　　　　［定期点検　→ p.30 ～ 32］

　定期点検の実施ごとに、その結果や記録を市町村長等や消防機関へ届け出る義務はない。ただし、消防機関から資料の提出を求められることがある。

Lesson06 保安距離・保有空地

絶対覚える！最重要ポイント

対象と距離

①保安距離を確保しなければならない製造所等
②保安対象物ごとの保安距離
③保有空地を確保しなければならない製造所等
④製造所の保有空地の幅

1 保安距離

　製造所等の付近の住宅、学校、病院等の保安対象物に対し、製造所等で起こった火災、爆発等の災害が影響を及ぼさないよう、延焼防止、避難等のために確保する一定の距離を保安距離という。これは、保安対象物から製造所等の外壁またはこれに相当する工作物の外側までの間に、それぞれについて定める距離のことである。

■保安距離の例

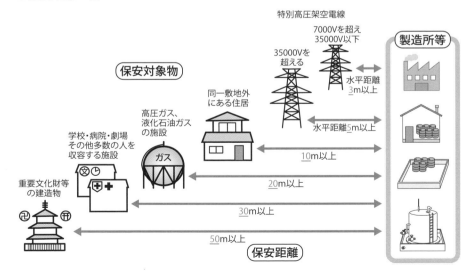

覚える！ ●保安距離を必要とするまたは必要としない製造所等

保安距離を必要とする製造所等（5施設）	保安距離を必要としない製造所等（7施設）
①製造所　　②屋内貯蔵所 ③屋外貯蔵所　④屋外タンク貯蔵所 ⑤一般取扱所	①屋内タンク貯蔵所　②地下タンク貯蔵所 ③移動タンク貯蔵所　④簡易タンク貯蔵所 ⑤給油取扱所　　　　⑥販売取扱所 ⑦移送取扱所

 覚える！ ●保安対象物と保安距離

保安対象物		保安距離
①特別高圧架空電線	7,000V超〜35,000V以下	（水平距離で）3m以上
	35,000Vを超えるもの	（水平距離で）5m以上
②同一敷地外にある住居		10m以上
③高圧ガス、液化石油ガスの施設		20m以上
④多数の人を収容する施設 ・学校（小学校、中学校、高等学校、幼稚園等） ・病院、児童福祉施設、老人福祉施設、障害者支援施設等 ・劇場、映画館等の施設		30m以上
⑤重要文化財、重要有形民俗文化財等の建造物		50m以上

※保安対象物との間に防火上有効な塀はないものとし、特例基準が適用されるものを除く。

2 保有空地

　消防活動および延焼防止のために、製造所等の周囲に確保する空地のことを保有空地という。保有空地内には、物品等は一切置くことはできない。

 覚える！ ●保有空地を必要とするまたは必要としない製造所等

保有空地を必要とする製造所等 （保安距離が必要な5施設＋2施設）	保有空地を必要としない製造所等 （5施設）
①製造所　　②屋内貯蔵所 ③屋外貯蔵所　④屋外タンク貯蔵所 ⑤一般取扱所 ⑥簡易タンク貯蔵所（屋外に設けるもの） ⑦移送取扱所（地上設置のもの）	①屋内タンク貯蔵所 ②地下タンク貯蔵所 ③移動タンク貯蔵所 ④給油取扱所 ⑤販売取扱所

保有空地の幅は、貯蔵し、または取り扱う危険物の指定数量の倍数や、建物の構造等により異なる。次表の製造所の保有空地の幅については、覚えておく。

 覚える！ ●製造所の保有空地の幅

製造所の区分	空地の幅
指定数量の倍数が10以下の製造所	3m以上
指定数量の倍数が10を超える製造所	5m以上

※ただし、防火上有効な隔壁を設けた場合は緩和が認められる。

 練 習 問 題

問01 法令上、危険物施設から一定の距離（保安距離）を保たなければならない対象物と保安距離の組合せで、誤っているものは次のうちどれか。

1　病院　　　　　30m　　　　2　同一敷地外にある住居　　　　10m
3　幼稚園　　　　30m　　　　4　高圧ガス、液化石油ガスの施設　20m
5　重要文化財の建造物　　40m

解答 5　　　　　　　　　　　　　　　　　　　　　［保安距離　→ p.34～35］

重要文化財の建造物は50mの保安距離を確保しなければならない。

問02 法令上、危険物を貯蔵し取り扱う建築物等の周囲に空地を保有しなければならない製造所等は、次のうちどれか。

1　屋外タンク貯蔵所　　　2　屋内タンク貯蔵所
3　第1種販売取扱所　　　4　簡易タンク貯蔵所（屋内に設けるもの）
5　給油取扱所

解答 1　　　　　　　　　　　　　　　　　　　　　　［保有空地　→ p.35］

Lesson07 製造所・屋内貯蔵所・屋外貯蔵所

絶対覚える！ 最重要ポイント	①製造所（構造・設備の基準） ②屋内貯蔵所（構造・設備の基準 製造所との相違点） ③屋外貯蔵所（貯蔵できる危険物） 製造所の構造・設備の基準はほかの施設の基準との共通点 も多いのでしっかりと覚えよう！
製造所の 基準	

1 製造所の位置・構造・設備の基準

　製造所は、危険物を製造する施設で、石油会社の石油精製工場や、アルコール製造工場などがある。

●製造所の位置に関する基準

保安距離	必要
保有空地	必要（保有空地の幅は、p.36参照）

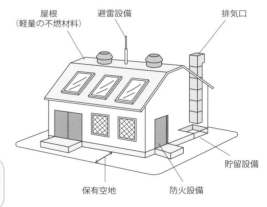

次表のように重要な項目の行に色をつけました。重点的に覚えましょう！

覚える！ ●製造所の構造に関する主な基準

地階	有しない（設置できない）。
壁・柱・床・はり・階段	●不燃材料*で造る。　●延焼のおそれのある外壁は出入口以外の開口部を有しない耐火構造*とする。
屋根	不燃材料で造り、金属板その他の軽量な不燃材料でふく。※建物内で爆発があったときに、爆風が上に抜けるようにするため。
窓・出入口	●防火設備とする（延焼のおそれのある外壁に設ける出入口は、随時開けることのできる自動閉鎖の特定防火設備）。 ●ガラスを用いる場合は、網入ガラスとする。

床（液状の危険物を取り扱う建築物の床）	●危険物が浸透しない構造とする。 ●適当な傾斜を付け、貯留設備*を設ける。

用語 不燃材料　コンクリート、モルタル、鉄板、瓦などの不燃性の建築材料のこと。
　　　耐火構造　壁、柱、床その他の建築物の主要部分が、火災による熱に一定時間耐え得る構造であることをいい、鉄筋コンクリート造、れんが造などがこれにあたる。不燃材料を使用するだけで耐火構造になるわけではない。
　　　貯留設備　漏れた危険物を一時的に貯留する設備。

 覚える！ ●製造所の設備に関する主な基準

採光・照明・換気	危険物を取り扱うために必要な採光、照明および換気の設備を設ける。
排出設備	可燃性蒸気等が滞留するおそれのある建築物には、その可燃性蒸気等を屋外の高所に排出する設備を設ける。
温度測定装置	危険物を加熱する等、温度変化が起こる設備には、温度測定装置を設ける。
圧力計等	危険物を加圧する設備または取り扱う危険物の圧力が上昇するおそれのある設備には、圧力計および安全装置を設ける。
電気設備	可燃性ガス等が滞留するおそれのある場所に設置する電気設備は、防爆構造とする。
静電気の除去装置	静電気が発生するおそれのある設備には、接地等、静電気を有効に除去する装置を設ける。
避雷設備	指定数量の倍数が10以上の製造所には避雷設備を設ける。
配管	●十分な強度を有し、配管にかかる最大常用圧力の1.5倍以上の圧力で水圧試験を行ったとき、漏えいその他の異常がないもの。 ●地下に設置する場合、上部の地盤面にかかる重量が配管にかからないように保護する。

2 屋内貯蔵所の位置・構造・設備の基準

．屋内貯蔵所は、屋内で容器に収納した危険物を貯蔵または取り扱う貯蔵所である。

●屋内貯蔵所の位置に関する基準

保安距離	必要
保有空地	必要（保有空地の幅は、貯蔵し、または取り扱う危険物の数量（指定数量の倍数）、壁、柱および床が耐火構造かどうかによって異なる）

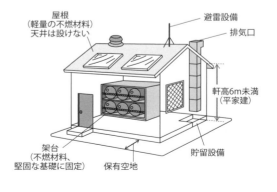

覚える！ ●貯蔵倉庫*の構造・設備に関する主な基準

建物全体	独立した専用の建築物とする。
軒高（地盤面から軒までの高さ）	6m未満の平家建とする（床は地盤面以上）。
床面積	1,000m²を超えないこと。
壁・柱・床・はり	●壁、柱、床は耐火構造とし、かつ、はりは不燃材料で造る。 ●延焼のおそれのある外壁は出入口以外の開口部を有しない耐火構造の壁とする。
屋根・天井	不燃材料で造り、金属板等の軽量な不燃材料でふき、天井を設けない。
採光・照明・換気	危険物を取り扱うために必要な採光、照明および換気の設備を設ける。
排出設備	引火点が70℃未満の危険物の貯蔵倉庫にあっては、内部に滞留した可燃性蒸気を屋根上に排出する設備を設ける。
避雷設備・電気設備	製造所の基準に準ずる。

用語 貯蔵倉庫　屋内貯蔵所の施設のうち、危険物の貯蔵または取扱いをする建築物。

3 屋外貯蔵所の基準

　屋外貯蔵所は、屋外の場所（タンク以外）で危険物を貯蔵または取り扱う貯蔵所である。屋外貯蔵所で貯蔵または取扱いができる危険物は限定されている。

●屋外貯蔵所の位置に関する基準

保安距離	必要
保有空地	必要（保有空地の幅は、貯蔵し、または取り扱う危険物の数量（指定数量の倍数）によって異なる）

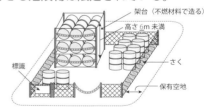

 覚える！ ●屋外貯蔵所に関する主な基準

貯蔵場所	湿潤でなく、かつ排水のよい場所。
さく	危険物を貯蔵し、または取り扱う場所の周囲には、さく等を設けて明確に区画する。
架台*	●架台を設ける場合は、不燃材料で造るとともに、堅固な地盤面に固定する。 ●架台の高さは6m未満とする。
貯蔵・取扱いできる危険物	第2類●硫黄または硫黄のみを含有するもの 　　　●引火性固体（引火点が0℃以上のもの） 第4類●第1石油類（引火点が0℃以上のもの）→トルエン（引火点4℃）　など ●アルコール類　●第2〜第4石油類　●動植物油類

用語 架台　危険物を収納した容器を貯蔵する台。

+1 プラス 理解を深める!

第4類の貯蔵・取扱いができない危険物（屋外貯蔵所）

●特殊引火物
●第1石油類（引火点が0℃未満のもの）→物品名：ガソリン（引火点－40℃以下）、
　ベンゼン（引火点－11.1℃）、アセトン（引火点－20℃以下）　など

 練 習 問 題

問01 製造所の位置、構造および設備の技術上の基準について、次のうち誤っているものはどれか。

1　危険物を加圧する設備または取り扱う危険物の圧力が上昇するおそれのある設備には、圧力計および安全装置を設ける。

2　床は、危険物が浸透しない構造とするとともに、適当な傾斜を付け、貯留設備を設ける。

3　可燃性の蒸気または可燃性の微粉が滞留するおそれのある建築物には、その蒸気または微粉を屋外の低所に排出する設備を設ける。

4　危険物を加熱、もしくは冷却する設備または危険物の取扱いに伴い温度変化が起こる設備は、温度測定装置を設ける。

5　危険物を取り扱うために必要な採光、照明および換気の設備を設ける。

解答 3　　　　　　　　　　　　[製造所の位置・構造・設備の基準　→ p.37 ～ 38]

　3 は、蒸気または微粉を屋外の高所に排出する設備を設ける。可燃性蒸気は空気よりも重く、低所に滞留しやすいので、屋外の高所に排出しなければならない。

問02 法令上、屋外貯蔵所で貯蔵し、または取り扱うことができない危険物は、次のうちどれか。

1　引火性固体（引火点が0℃以上のものに限る。）

2　第1石油類（引火点が0℃以上のものに限る。）

3　アルコール類　　　4　硫黄　　　5　特殊引火物

解答 5　　　　　　　　　　　　　　　　[屋外貯蔵所の基準　→ p.39 ～ 40]

Lesson08 屋外タンク貯蔵所・屋内タンク貯蔵所・地下タンク貯蔵所

OIL

絶対覚える！最重要ポイント

防油堤

① 屋外タンク貯蔵所（敷地内距離、防油堤）
② 屋内タンク貯蔵所（タンクの設置と容量、タンク専用室）
③ 地下タンク貯蔵所（設置基準、漏れ検知設備、通気管）

1 屋外タンク貯蔵所の位置・構造・設備の基準

屋外タンク貯蔵所は、屋外にあるタンク（屋外貯蔵タンク）で危険物を貯蔵または取り扱う貯蔵所である。

●屋外タンク貯蔵所の位置に関する基準

保安距離	必要
保有空地	必要（保有空地の幅は、貯蔵し、または取り扱う危険物の数量（指定数量の倍数）によって異なる）
敷地内距離	必要

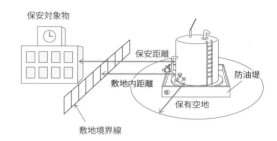

敷地内距離とは、火災による隣接敷地への延焼の防止を目的として屋外タンク貯蔵所のみに義務づけられたもので、タンクの側板から敷地境界線まで確保しなければならない距離のことである。

●屋外タンク貯蔵所の構造と設備に関する主な基準

液体の危険物の屋外貯蔵タンク	●危険物の量を自動的に表示する装置を設ける。 ●ガソリン、ベンゼン等、静電気による災害が発生するおそれのある液体の危険物のタンクの注入口付近には、静電気を有効に除去するため接地電極を設ける。 ●液体の危険物（二硫化炭素を除く）の屋外貯蔵タンクの周囲には防油堤を設ける。

2 屋外タンク貯蔵所に設ける防油堤

　液体の危険物（二硫化炭素を除く）の屋外貯蔵タンクの周囲には防油堤を設ける。防油堤は危険物が漏れた場合にその流出を防ぐための設備で、その基準は、次のとおりである。

●防油堤に関する主な基準

防油堤の容量	タンク容量の110%以上（非引火性の危険物では100%以上）。2以上のタンクがある場合は、最大であるタンクの容量の110%以上（非引火性の危険物では100%以上）。
高さ、面積	高さ0.5m以上、防油堤内の面積80,000m²以下。
水抜口	防油堤の内部の滞水を外部に排水するための水抜口を設けるとともに、これを開閉する弁等を防油堤の外部に設ける（通常、水抜口は閉じておく）。

 重要ポイント

屋外タンク貯蔵所に関する基準

敷地内距離…火災による隣接敷地への延焼の防止が目的。タンクの側板から敷地境界線まで確保しなければならない距離のこと。

防油堤…液体の危険物（二硫化炭素を除く）の屋外貯蔵タンクの周囲に設置。

防油堤の容量…タンク容量の110%以上、2以上のタンクがある場合は、最大であるタンクの容量の110%以上。

3 屋内タンク貯蔵所の位置・構造・設備の基準

　屋内タンク貯蔵所は、屋内にあるタンク（屋内貯蔵タンク）で危険物を貯蔵または取り扱う貯蔵所である。

●屋内タンク貯蔵所の位置に関する基準

保安距離	不要
保有空地	不要

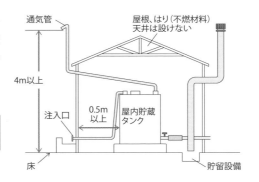

覚える！ ●屋内タンク貯蔵所の構造・設備に関する主な基準

屋内貯蔵タンクの設置場所	●原則として、平家建の建築物に設けられたタンク専用室に設置する*。 ●屋内貯蔵タンクとタンク専用室の壁との間、および同一のタンク専用室に2以上の屋内貯蔵タンクを設置する場合のタンク相互間に0.5m以上の間隔を保つ。
屋内貯蔵タンクの容量	指定数量の40倍以下、ただし、第4類危険物（第4石油類および動植物油類を除く）については、20,000L以下。
壁・柱・床・はり	タンク専用室の壁・柱・床・はりの基準は、屋内貯蔵所（貯蔵倉庫）の基準と同じ（p.39参照）。
屋根・天井	タンク専用室の屋根は不燃材料で造り、天井を設けない。
出入口	タンク専用室の出入口のしきいの高さは、床面から0.2m以上とする。
圧力タンク以外のタンク	無弁通気管を設ける。先端は、屋外にあって地上4m以上の高さとし、かつ、建築物の窓、出入口等の開口部から1m以上離す。また、引火点が40℃未満の危険物のタンクに設ける通気管については、先端を敷地境界線から1.5m以上離す。

＊引火点が40℃以上の第4類危険物のみを貯蔵し、または取り扱う屋内貯蔵タンクを設置するタンク専用室は、平家建以外の建築物に設けることができる。この場合の基準の特例として、窓を設けないなどがある。

4 地下タンク貯蔵所の位置・設置方法・設備の基準

地下タンク貯蔵所は、地盤面下に埋設されているタンク（地下貯蔵タンク）で危険物を貯蔵または取り扱う貯蔵所である。

●地下タンク貯蔵所の位置に関する基準

保安距離	不要
保有空地	不要

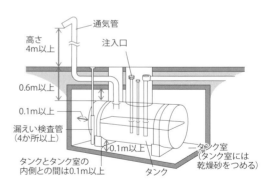

地下貯蔵タンクには、二重殻タンクとそれ以外のタンクがある。また、地下貯蔵タンクの設置方法は次のとおりである。

①タンク室に設置する方法（二重殻タンク以外のタンク、二重殻タンク）

②直接地盤面下に埋没する方法（二重殻タンクのみ）

③コンクリートで被覆して地盤面下に埋没する方法（漏れ防止構造）

ここでは、①タンク室に設置する方法の構造・設備に関する基準について学習する。②、③の方法については省略する。

●地下タンク貯蔵所の設置方法に関する主な基準

地下貯蔵タンクの設置場所	●地盤面下に設けられたタンク室に設置する。 ●地下貯蔵タンクとタンク室の内側との間は、0.1m以上の間隔を保ち、タンクの周囲に乾燥砂をつめる。 ●地下貯蔵タンクの頂部は、0.6m以上地盤面から下にあること。 ●地下貯蔵タンクを2以上隣接して設置する場合は、その相互間に1m以上の間隔を保つ。

●地下タンク貯蔵所の設備に関する主な基準

圧力タンク	安全装置を設ける。
圧力タンク以外のタンク	通気管を設ける（無弁通気管または大気弁付通気管）。 ※通気管はタンクの頂部に設け、先端は、地上より4m以上の高さとする。
液体の危険物の地下貯蔵タンク	●危険物の量を自動的に表示する装置を設ける。 ●注入口は屋外に設ける。
危険物の漏れを検知する設備	地下貯蔵タンクの周囲には、液体の危険物の漏れを検知する設備（漏えい検査管等）を4か所以上設ける。

 覚える！　　重要ポイント

地下貯蔵タンクの設置場所

●地下貯蔵タンクとタンク室の内側との間は、0.1m以上の間隔を保つ。

●地下貯蔵タンクの頂部は、0.6m以上地盤面から下にあること。

地下タンク貯蔵所の設備

●液体の危険物の地下貯蔵タンクの注入口は屋外に設ける。

●地下貯蔵タンクの周囲には、危険物の漏れを検知する設備を設ける。

●通気管の先端は、地上より4m以上の高さとする。

 練 習 問 題

問01　法令上、次の5基の屋外貯蔵タンク（岩盤タンクおよび特殊液体危険物タンクを除く）を同一の防油堤内に設置する場合、防油堤に最低限必要な容量として、次のうち正しいものはどれか。

タンク A　ガソリン 100kL　タンク B　灯油 200kL　タンク C　軽油 400kL

タンク D　重油 500kL　　　タンク E　重油 500kL

1　110kL　　2　500kL　　3　550kL　　4　1,700kL　　5　1,870kL

解答　3　　　　　　　　　　　　　［屋外貯蔵タンクに設ける防油堤　→ p.42］

　同一の防油堤内に 2 以上のタンクを設置する場合、**最大**であるタンク容量の **110%** 以上が防油堤の容量である。この場合の防油堤の容量は、**最大タンク容量** 500kL × 1.1 = 550kL 以上となる。

問02　法令上、平家建としなければならない屋内タンク貯蔵所の位置、構造、設備の技術上の基準について、次のうち誤っているものはどれか。ただし、特例基準を適用されるものは除く。

1　タンク専用室の窓、出入口にガラスを用いる場合は、網入ガラスを用いる。
2　同一のタンク専用室に 2 基以上の屋内貯蔵タンクを設置する場合は、屋内貯蔵タンクの容量は、それぞれ指定数量の 40 倍以下にしなければならない。
3　同一のタンク専用室に 2 基以上の屋内貯蔵タンクを設置する場合は、タンク相互間に 0.5m 以上の間隔を保たなければならない。
4　タンク専用室の屋根は不燃材料で造り、天井を設けない。
5　タンク専用室の出入口のしきいの高さは、床面から 0.2m 以上とする。

解答　2　　　　　　　　　［屋内タンク貯蔵所の位置・構造・設備の基準　→ p.43］

　同一のタンク専用室に 2 基以上の屋内貯蔵タンクを設置する場合は、屋内貯蔵タンクの容量は、それぞれではなく、それらの**容量の総計**が指定数量の **40** 倍以下としなければならない（ただし、第 4 類危険物（第 4 石油類および動植物油類を除く）については、**20,000L** 以下とする）。また、**平家建以外**の建築物にタンク専用室を設ける場合の基準の特例としては、①タンク専用室には**窓を設けない**、②タンク専用室の壁、柱、床、はりは**耐火構造**とする、③タンク専用室は上階がある場合は上階の床を**耐火構造**とし、上階がない場合は屋根を不燃材料で造り、かつ、天井を設けない（政令第 12 条第 2 項）などがある。

Lesson09 簡易タンク貯蔵所・移動タンク貯蔵所

絶対覚える！最重要ポイント

①簡易タンク貯蔵所（保有空地、容量、設置可能数）
②移動タンク貯蔵所（常置場所、タンク容量、間仕切、防波板、排出口）

移動タンク貯蔵所を中心にその特徴を押さえよう！

> 移動タンク貯蔵所

1 簡易タンク貯蔵所の位置・構造・設備の基準

簡易タンク貯蔵所は、簡易貯蔵タンクで危険物を貯蔵または取り扱う貯蔵所である。

●簡易タンク貯蔵所の位置に関する基準

保安距離	不要
保有空地	屋外に設置する場合は必要（簡易貯蔵タンクの周囲に1m以上確保）

固定
1m以上
保有空地

覚える！ ●簡易タンク貯蔵所の構造・設備に関する主な基準

簡易貯蔵タンクの容量	1基の容量は600L以下。
簡易貯蔵タンクの数	1つの簡易タンク貯蔵所に設置する簡易貯蔵タンクは3基まで、かつ、同一品質の危険物は2基以上設置できない。
通気管	簡易貯蔵タンクには、通気管を設ける。

2 移動タンク貯蔵所の位置・構造・設備の基準

移動タンク貯蔵所は、車両に固定されたタンク（移動貯蔵タンク）で危険物を貯蔵または取り扱う貯蔵所である。

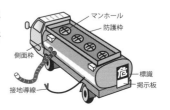

マンホール
防護枠
側面枠
標識
接地導線
掲示板

●移動タンク貯蔵所の位置に関する基準

保安距離	不要
保有空地	不要
常置場所＊	（屋外）防火上安全な場所 （屋内）壁、床、はり、屋根を耐火構造とし、もしくは不燃材料で造った建築物の1階

用語　常置場所　車両を常置（駐車）する場所。常置場所を変更する場合、市町村長等に申請して許可を受ける必要がある。

●移動タンク貯蔵所の構造・設備に関する主な基準

移動貯蔵タンクの容量・間仕切	容量は30,000L以下とし、4,000L以下ごとに区切る間仕切を設ける。容量が2,000L以上のタンク室には防波板を設ける。
排出口	移動貯蔵タンクの下部に排出口を設ける場合は、排出口に底弁を設けるとともに、非常の場合に直ちに底弁を閉鎖することができる手動閉鎖装置および自動閉鎖装置を設ける。 ※手動閉鎖装置のレバーは、手前に引き倒すことにより手動閉鎖装置を作動させるもので、長さは15cm以上。
接地導線	ガソリン、ベンゼン等、静電気による災害が発生するおそれのある液体の危険物の移動貯蔵タンクには接地導線を設ける。

理解を
深める！

タンク本体の構造

　屋外貯蔵タンク、屋内貯蔵タンク、地下貯蔵タンク、簡易貯蔵タンク、移動貯蔵タンクのタンク本体の構造は、次の点では原則として同じである。
●原則として、厚さ3.2mm以上の鋼板等で気密に造る。
●外面にさび止めの塗装をする。
●圧力タンクは最大常用圧力の1.5倍の圧力で10分間行う水圧試験において、漏れ、または変形のないものとする。
　このほか、圧力タンクを除くタンクの試験方法には違い（水張試験、水圧試験70kPAの圧力で10分間など）があるが、その具体的な試験方法や数値が選択肢に表記されていてもその部分が問題の正誤として問われる問題はみられない。

覚える！　　重要ポイント

移動タンク貯蔵所に関する基準

●常置場所は、屋外…防火上安全な場所、屋内…壁、床、はり、屋根を耐火構造とし、もしくは不燃材料で造った建築物の1階。
●移動貯蔵タンクの容量は30,000L以下とし、4,000L以下ごとに区切る間仕切を設ける。容量が2,000L以上のタンク室には防波板を設ける。
●底弁の手動閉鎖装置のレバーは、手前に引き倒すことにより手動閉鎖装置を作動させるもので、長さは15cm以上。

Lesson10 給油取扱所・販売取扱所

絶対覚える！最重要ポイント

給油取扱所・販売取扱所

①給油取扱所（給油空地、地下タンクの容量、設置可能な建築物）
②セルフ型スタンド（表示事項、顧客用固定給油設備の構造）
③販売取扱所（区分、構造、配合室）
給油・販売取扱所それぞれのポイントをしっかり押さえよう！

1 給油取扱所の位置の基準

給油取扱所は、固定給油設備*により、自動車等の燃料タンクに直接給油するための危険物を取り扱う取扱所である。また、固定注油設備*により灯油、軽油を容器に詰め替えることも可能である。

懸垂式の固定給油設備
給油空地
2m以上
防火塀
敷地境界線
固定給油設備
排水溝
10m以上
油分離装置
6m以上

●給油取扱所の位置に関する基準

保安距離	不要	保有空地	不要
給油空地	必要（固定給油設備のホース機器の周囲　間口10m以上、奥行6m以上）漏れた危険物が浸透しないための舗装をする。また、漏れた危険物等のほかの部分への流出を防ぐ措置（排水溝、油分離装置等）を講ずる。		
注油空地	必要（固定注油設備を設ける場合、給油空地以外の場所に設ける）		

用語 固定給油設備　自動車等に直接給油するための固定された給油設備。ポンプ機器およびホース機器から構成され、地上に設置されたもの、天井に吊り下げる懸垂式のものがある。

固定注油設備　灯油もしくは軽油を容器に詰め替え、または車両に固定された容量4,000L以下のタンクに注入するための設備。構成、形式は固定給油設備と同じ。

2 給油取扱所の構造・設備の基準

覚える！ ●給油取扱所の構造・設備に関する主な基準

専用タンク・廃油タンク（地下に設置）	固定給油設備もしくは固定注油設備に接続する専用タンク（容量制限なし）、または容量10,000L以下の廃油タンク等を地盤面下に埋没して設けることができる。

給油ホース・注油ホース	固定給油設備または固定注油設備には、先端に弁を設けた全長5m以下の給油ホースまたは注油ホース、およびこれらの先端に蓄積される静電気を有効に除去する装置を設ける。
塀・壁	●給油取扱所の周囲には、自動車の出入りする側を除き、火災による被害の拡大を防止するための高さ2m以上の塀または壁であって耐火構造のもの、または不燃材料で造られたものを設ける。 ●壁、塀は開口部を有していないものとする。
給油取扱所の付随設備	給油取扱所の業務を行うことについて必要な設備（付随設備） ①自動車等の洗浄を行う設備（蒸気洗浄機・洗車機）②自動車等の点検・整備を行う設備　③混合燃料油調合器　④尿素水溶液供給機　⑤急速充電設備
給油取扱所に設置できる建築物	給油またはこれに附帯する業務のため、次に定める用途に供する建築物を設けることができる。 ①給油または灯油・軽油の詰め替えのための作業場 ②給油取扱所の業務を行うための事務所 ③映画館、店舗、飲食店、展示場、図書館、教会、工場、駐車場（立体駐車場を除く）、倉庫等 ④自動車等の点検・整備を行う作業場　⑤自動車等の洗浄を行う作業場 ⑥給油取扱所の所有者等が居住する住居、またはこれらの者に係る他の給油取扱所の業務を行うための事務所

3 顧客に自ら給油等をさせる給油取扱所（セルフ型スタンド）の構造・設備の基準

　顧客に自ら給油等をさせる給油取扱所（セルフ型スタンド）は、基本的に給油取扱所および屋内給油取扱所の基準が適用されるが、これに加え、次のような特例基準が付加されている。

●顧客に自ら給油等をさせる給油取扱所の構造、設備に関する主な基準

表示	顧客に自ら給油等をさせる給油取扱所である旨を表示する。
顧客用固定給油設備	①給油ノズルは、燃料タンク等が満量時に給油が自動的に停止する構造とする。 ②給油ホースは、著しい引張力が加わったときに安全に分離し、分離した部分からの漏えいを防止する構造とする。 ③ガソリンおよび軽油相互の誤給油を防止できる構造とする。 ④1回の連続した給油量および給油時間の上限を設定できる構造とする。 ⑤地震時に危険物の供給を自動的に停止できる構造とする。 （①④⑤は、顧客用固定注油設備にも適用される）
顧客用固定給油設備・顧客用固定注油設備の周辺の表示	●顧客が自ら自動車等に給油する（危険物を容器に詰め替える）ことができる固定給油設備（固定注油設備）である旨を見やすい箇所に表示する。 ●地盤面等に自動車等の停止位置、または容器の置き場所等を表示する。 ●給油ホース等の直近に、ホース機器等の使用方法および危険物の品目を表示する。

監視卓	顧客自らの給油作業または容器への詰め替え作業の監視や制御、または顧客に対して必要な指示を行うための制御卓（コントロールブース）を設ける。規定の制御装置を設けた可搬式制御機器（タブレット）によっても行うことができる。

4 販売取扱所の区分と位置・構造の基準

販売取扱所は、店舗で容器入りのまま危険物を販売する取扱所である。販売取扱所は、指定数量の倍数により、第1種（指定数量の倍数が15以下）、第2種（指定数量の倍数が15を超え40以下）に区分される。

●販売取扱所の位置に関する基準

販売取扱所の構造は、店舗部分とその他の部分（配合室等）に分かれています。

保安距離	不要
保有空地	不要

販売取扱所の建物の構造に関する基準は、次のとおりである。

①設置場所の基準（第1種・第2種 共通）

第1種および第2種販売取扱所（店舗）は、建築物の1階に設置する。

②構造に関する基準

第2種販売取扱所は、建物の構造について、第1種販売取扱所の基準に加えさらに厳しい規制がされている。

［店舗部分の窓の基準の例］

第1種…窓の位置に関する制限なし。

第2種…延焼のおそれのない部分に限り、窓を設けることができる。

共通…窓には防火設備を設ける。ガラスを用いる場合は、網入ガラスとする。

③配合室の基準（第1種・第2種共通）

第1種および第2種販売取扱所において、危険物は、運搬容器の基準に適合する容器に収納し、かつ、容器入りのままで販売しなければならない。塗料類その他の危険物の配合または詰替えは配合室で行い、それ以外の場所では行うことはできない。

●配合室の構造・設備に関する主な基準（第1種・第2種 共通）

床面積	6m²以上10m²以下。
床	危険物が浸透しない構造とするとともに適当な傾斜を付け、貯留設備を設ける。
出入口	●随時開けることができる自動閉鎖の特定防火設備を設ける。 ●出入口のしきいの高さは、床面から0.1m以上とする。
排出設備	内部に滞留した可燃性の蒸気または可燃性の微粉を屋根上に排出する設備を設ける。

覚える！ **重要ポイント**

販売取扱所に関する基準

区分（指定数量の倍数）…第1種（15以下）、第2種（15を超え40以下）

設置場所…第1種および第2種販売取扱所（店舗）は、建築物の1階に設置する。

●販売取扱所は、店舗で容器入りのまま危険物を販売する。

●塗料類その他の危険物の配合または詰替えは、配合室以外の場所では行う
ことはできない。

 練 習 問 題

問01 法令上、次のA〜Eのうち、給油取扱所に給油またはこれに附帯する業
務のための用途として、設けることができないもののみの組合せはどれか。

A 自動車等の点検・整備、もしくは洗浄のために給油取扱所に出入りする者を
対象とした展示場

B 給油取扱所の関係者以外の者を対象とした立体駐車場

C 給油取扱所の所有者以外の当該取扱所に勤務する者が居住する住居

D 給油、灯油もしくは軽油の詰め替えのために給油取扱所に出入りする者を対
象としたゲームセンター

E 給油取扱所の所有者等に係る他の給油取扱所の業務を行うための事務所

1　A　B 　　　　　2　A　C 　　　　　3　C　D　E
4　B　C　D 　　　　5　A　C　D

解答 4 　　　　　　　　［給油取扱所の構造・設備の基準　→ p.48〜49］

B 立体駐車場は設置できない。**C** 所有者以外の、当該取扱所に**勤務する者**（従
業員）が居住する住居は設置できない。**D ゲームセンター**などの**遊技場**は設置で
きない。ほかに設置できない建築物として、**診療所、ガソリンの詰め替え**のため
の作業場（ガソリンは**直接給油**しなければならないため）などが挙げられる。

Lesson11 標識・掲示板

絶対覚える！最重要ポイント

大きさ、記載事項

①移動タンク貯蔵所は、「危」と表示した標識を掲げる
②危険物の類別等を表示する掲示板の表示事項
③給油取扱所は、「給油中エンジン停止」の掲示板を別に設ける
④危険物の性状に応じた注意事項を表示した掲示板

1 標識

　製造所等は、見やすい箇所に危険物の製造所等である旨を表示した標識を設けなければならない。標識は2つに区分される。

覚える！ ●標識の種類と基準

①製造所等（移動タンク貯蔵所を除く）	②移動タンク貯蔵所
●幅0.3m以上、長さ0.6m以上の板。 ●地を白色、文字を黒色。 ●製造所等の名称を記載（「危険物給油取扱所」など）。 	●0.3m平方以上、0.4m平方以下の板。 ●地を黒色、文字を黄色の反射塗料等で「危」と表示。 ●車両の前後の見やすい箇所に掲げる。

+1 プラス 理解を深める！　危険物運搬車両（トラックなど）の標識

　移動タンク貯蔵所（タンクローリー）の標識とくらべ、指定数量以上の危険物を車両で運搬する場合の危険物運搬車両の「危」の標識は一辺0.3mの正方形に限られやや小さいものとなる。色や「危」の表示、車両の前後に掲げるなどの基準は、移動タンク貯蔵所と同じである。

2 掲示板

　製造所等は、標識に加え、防火に関し必要な事項を掲示した掲示板を見やすい箇所に設けなければならない。掲示板に関する基準は、次のとおりである。

①掲示板の大きさの基準

　幅0.3m以上、長さ0.6m以上の板で、これは掲示板すべてに共通である。

②危険物の類や品名等を表示する掲示板の基準

●地を白色、文字を黒色。

●表示事項（危険物の類、危険物の品名、貯蔵最大数量または取扱最大数量、指定数量の倍数、危険物保安監督者の氏名または職名）

③「給油中エンジン停止」の掲示板

　危険物の類別等を記載した掲示板のほかに、給油取扱所は、「給油中エンジン停止」の掲示板を別に設けなければならない。

●地を黄赤色、文字を黒色。　●「給油中エンジン停止」と表示。

 覚える！　**重要ポイント**

掲示板の基準

掲示板の大きさ…幅0.3m以上、長さ0.6m以上。

危険物の類別等を表示する掲示板…危険物の類、品名、貯蔵最大数量等、指定数量の倍数、危険物保安監督者の氏名または職名を表示。

給油取扱所の掲示板…「給油中エンジン停止」の掲示板を別に設ける。

■掲示板の種類

④その他、注意事項を表示する掲示板

　危険物の類別等を記載した掲示板のほかに、危険物の性状に応じ、次表の区分に従った注意事項を表示した掲示板を設けなければならない。

危険物の類別と物品	掲示板の種類
●第1類　・アルカリ金属の過酸化物またはこれを含有するもの ●第3類　・禁水性の物品（黄りん以外） 　　　　・アルキルアルミニウム、アルキルリチウム	「禁水」

●第2類	・引火性固体以外のすべて	「火気注意」
●第2類 ●第3類 ●第4類	・引火性固体 ・自然発火性物品　・アルキルアルミニウム、アルキルリチウム ・黄りん 　　●第5類	「火気厳禁」

 覚える！　**重要ポイント**

「火気厳禁」の掲示板を掲げる危険物

●第<u>2</u>類（引火性固体）　●第<u>3</u>類（自然発火性物品、アルキルアルミニウム、アルキルリチウム、黄りん）　●第<u>4</u>類　<u>すべて</u>　　●第<u>5</u>類　<u>すべて</u>

 練 習 問 題

問01 法令上、製造所等に設ける標識、掲示板について、次のうち誤っているものはどれか。

1　移動タンク貯蔵所には、「危」と表示した標識を設けなければならない。

2　給油取扱所には、「給油中エンジン停止」と表示した掲示板を設けなければならない。

3　第4類の危険物を貯蔵する地下タンク貯蔵所には、「取扱注意」と表示した掲示板を設けなければならない。

4　屋外タンク貯蔵所には、危険物の類別、品名、貯蔵または取扱最大数量、指定数量の倍数ならびに危険物保安監督者の氏名または職名を表示した掲示板を設けなければならない。

5　第5類の危険物を貯蔵する屋内タンク貯蔵所には、「火気厳禁」と表示した掲示板を設けなければならない。

解答　3　　　　　　　　　　　　　　　　　　［標識・掲示板　→ p.52 〜 54］

　第4類の危険物を貯蔵または取り扱う地下タンク貯蔵所には、「火気厳禁」と表示した掲示板を設けなければならない。危険物の性状に応じた注意事項の掲示板では、第4類危険物が該当する「火気厳禁」の掲示板についてよく覚えておくこと。

Lesson12 消火設備・警報設備

絶対覚える！
最重要ポイント

消火設備と
所要単位

① 第1種～第5種の消火設備の区分

② 危険物の指定数量の10倍を1所要単位とする

③ 消火の困難性の区分と設置する消火設備

④ 第5種消火設備の設備基準（設置方法）

1 消火設備の種類

　消火設備は、製造所等の火災を有効に消火するために設けるもので、消火能力の大きさなどにより、第1種から第5種までの5つに区分される。製造所等は、製造所等の区分、規模、危険物の品名、最大数量等に応じて適応する消火設備の設置が義務づけられている。

 覚える！　●消火設備の区分

第1種消火設備	屋内消火栓設備、屋外消火栓設備
第2種消火設備	スプリンクラー設備
第3種消火設備	水蒸気消火設備、水噴霧消火設備、泡消火設備、不活性ガス消火設備、ハロゲン化物消火設備、粉末消火設備
第4種消火設備	大型消火器
第5種消火設備	小型消火器、水バケツ、水槽、乾燥砂、膨張ひる石、膨張真珠岩

2 所要単位と能力単位

①所要単位

　所要単位は、製造所等に対して、どのくらいの消火能力を有する消火設備が必要なのかを判断する基準の単位である。所要単位は、建築物その他の工作物の規模または危険物の量により、次表に基づき計算する。

製造所等の構造、危険物	1所要単位当たりの数値
製造所・取扱所	（耐火構造）延べ面積100m²、（不燃材料）延べ面積50m²
貯蔵所	（耐火構造）延べ面積150m²、（不燃材料）延べ面積75m²
屋外の製造所等	外壁を耐火構造とし、水平最大面積を建坪とする建物とみなして算定する。
危険物の数量	指定数量の10倍

②能力単位

能力単位は、所要単位に対応する消火設備の消火能力の基準の単位である。

能力単位は、消火設備がどれくらいの消火能力をもっているかを示す単位です。例えば、容量8Lの水バケツ3個は1能力単位です。

水バケツ

1能力単位

製造所

危険物の数量
（指定数量10倍）

1所要単位

 重要ポイント

所要単位

製造所等に対して、どのくらいの消火能力を有する消火設備が必要なのかを判断する基準の単位。危険物は、指定数量の10倍を1所要単位とする。

3 消火の困難性と必要な消火設備

製造所等は、施設の規模、危険物の品名、最大数量から、その設備の消火の困難性に応じて3つに区分され、区分に応じた消火設備の設置を義務づけられている。

 ●消火の困難性の区分

区　分	消火設備				
	第1種	第2種	第3種	第4種	第5種
①著しく消火が困難な製造所等	○（いずれか1つ設置）			○	○
②消火が困難な製造所等	－	－	－	○	○
③その他の製造所等	－	－	－	－	○

ただし、次の製造所等または電気設備に対しては、製造所等の面積、危険物の倍数、性状等に関係なく、設置しなければならない消火設備が定められている。

 覚える！ ●製造所等の面積、危険物の倍数等にかかわらず必要な消火設備等

地下タンク貯蔵所	第5種の消火設備2個以上。
移動タンク貯蔵所	自動車用消火器*のうち、粉末消火器（充てん量が3.5kg以上のもの）またはその他の消火器を2個以上。
電気設備に対する消火設備	電気設備のある場所の面積100m²ごとに1個以上。

＊自動車用消火器は、小型消火器（第5種）に該当する。

第5種消火設備の設置だけでよい③「その他の製造所等」に区分されるのは、地下タンク貯蔵所、移動タンク貯蔵所、簡易タンク貯蔵所、給油取扱所（屋外型）、第1種販売取扱所の5つです。

4 消火設備の設置方法

第1種から第5種までの消火設備の具体的な設置方法は、それぞれ定められている。第1種、第4種、第5種消火設備の設置の基準は次表のとおりである（第2種、第3種は省略）。

 覚える！ ●消火設備の設置の基準

区分	消火設備の種類	設備基準
第1種	屋内消火栓設備	各階ごと、階の各部分からホース接続口まで25m以下。
	屋外消火栓設備	防護対象物の各部分からホース接続口まで40m以下。
第4種	大型消火器	防護対象物までの歩行距離*が30m以下。
第5種	小型消火器乾燥砂等	地下タンク貯蔵所、簡易タンク貯蔵所、移動タンク貯蔵所、給油取扱所、販売取扱所 ⎫有効に消火できる位置 その他の製造所等…防護対象物までの歩行距離が20m以下。

用語 歩行距離　消火設備から防護対象物までの、（直線的な距離ではなく）歩行する距離。

5 警報設備

　警報設備は、製造所等で火災や危険物の流出等の事故が発生したときに、従業員等に早期に周知するためのものである。指定数量の**10倍以上**の危険物を貯蔵し、または取り扱う製造所等（移動タンク貯蔵所を除く。）は、火災が発生した場合に**自動的に作動する火災報知設備**その他の警報装置を設けなければならない。警報設備は、①自動火災報知設備、②消防機関に報知ができる電話、③非常ベル装置、④拡声装置、⑤警鐘がある。

 練 習 問 題

問01 **法令上、製造所等に設置する消火設備の区分について、第5種の消火設備に該当するものは、次のうちどれか。**

1　ハロゲン化物消火設備　　　2　泡を放射する小型消火器

3　泡消火設備　　　　　　　　4　霧状強化液を放射する大型消火器

5　スプリンクラー設備

解答　2　　　　　　　　　　　　　　　　　　　［消火設備の種類　→ p.55］

　1のハロゲン化物消火設備は第**3**種、3の泡消火設備は第**3**種、4の霧状強化液を放射する大型消火器は第**4**種、5のスプリンクラー設備は第**2**種。

問02 **法令上、次の文の（　）内に当てはまる数値は、次のうちどれか。**

　「製造所等に設ける消火設備の所要単位の計算方法として、危険物に対しては指定数量の（　　）倍を1所要単位とする。」

1　1　　　　　2　5　　　　　3　10　　　　　4　50　　　　　5　100

解答　3　　　　　　　　　　　　　　　［所要単位と能力単位　→ p.55 〜 56］

Lesson13 貯蔵・取扱いの基準①

絶対覚える！ 最重要ポイント	①製造所等で貯蔵・取扱いができる危険物
	②みだりに火気を使用しない
貯蔵・取扱い 共通の基準	③危険物のくず、かす等は1日に1回以上廃棄する
	④危険物が残存する設備等を修理する場合の注意事項

1 貯蔵・取扱い共通の基準

　製造所等において危険物を貯蔵し、または取り扱う場合は、数量にかかわらず、法令に定められた技術上の基準に従って行わなければならない。製造所等で行う危険物の貯蔵・取扱いのすべてに共通する技術上の基準には、次のようなものがある。

覚える！ ●危険物の貯蔵・取扱いに共通する主な技術上の基準

①	製造所等において、許可もしくは届出された品名以外の危険物またはこれらの許可もしくは届出された数量もしくは指定数量の倍数を超える危険物を貯蔵し、または取り扱わない。
②	製造所等においては、みだりに火気を使用しない。
③	製造所等には、係員以外の者をみだりに出入りさせない。
④	常に整理および清掃を行い、みだりに空箱その他の不必要な物件を置かない。
⑤	貯留設備または油分離装置にたまった危険物は、あふれないように随時くみ上げる。
⑥	危険物のくず、かす等は、1日に1回以上、危険物の性質に応じて安全な場所で廃棄その他適当な処置をする。
⑦	危険物を貯蔵し、または取り扱う建築物その他の工作物または設備は、危険物の性質に応じ、遮光または換気を行う。
⑧	危険物が残存し、または残存しているおそれがある設備、機械器具、容器等を修理する場合は、安全な場所において、危険物を完全に除去した後に行う。
⑨	可燃性の液体、可燃性の蒸気もしくは可燃性のガスが漏れ、もしくは滞留するおそれのある場所または可燃性の微粉が著しく浮遊するおそれのある場所では、電線と電気器具とを完全に接続し、かつ、火花を発する機械器具、工具、履物等を使用しない。
⑩	危険物を保護液中に保存する場合は、危険物が保護液から露出しないようにする。

2 類ごとの共通の基準

製造所等で行う危険物の貯蔵および取扱いについては、危険物の類ごとに共通する技術上の基準も定められている。基準は、各類の危険物の性質等により、次表のようなものがある。

●危険物の類ごとに共通する技術上の基準

類　別	技術上の基準
第1類 （酸化性固体）	［共通］・可燃物との接触・混合を避ける。　・分解を促す物品との接近を避ける。　・過熱・衝撃・摩擦を避ける。 ［アルカリ金属の過酸化物］水との接触を避ける。
第2類 （可燃性固体）	［共通］・酸化剤との接触・混合を避ける。 ・炎、火花、高温体との接近を避ける。　・過熱を避ける。 ［鉄粉・金属粉、マグネシウム］水または酸との接触を避ける。 ［引火性固体］みだりに蒸気を発生させない。
第3類 （自然発火性物質・ 禁水性物質）	［自然発火性物品］・炎、火花、高温体との接近を避ける。 　　　　　・過熱を避ける。　・空気との接触を避ける。 ［禁水性物品］・水との接触を避ける。
第4類 （引火性液体）	［共通］・炎、火花、高温体との接近を避ける。　・過熱を避ける。 ・みだりに蒸気を発生させない。
第5類 （自己反応性物質）	［共通］・炎、火花、高温体との接近を避ける。 ・過熱・衝撃・摩擦を避ける。
第6類 （酸化性液体）	［共通］・可燃物との接触・混合を避ける。 ・分解を促す物品との接近を避ける。　・過熱を避ける。

覚える！　**重要ポイント**

類ごとに共通する主な基準

水との接触を避ける…①第1類（アルカリ金属の過酸化物）、②第2類（鉄粉・金属粉、マグネシウム）、③第3類（禁水性物品）。

過熱・衝撃・摩擦を避ける…①第1類（共通）、②第5類（共通）。

第3類危険物の性質

理解を
深める！

第3類危険物は自然発火性と禁水性の両方の性質をもつものがほとんどであるが、例外として片方の性質のみをもつ物品がある。
- 自然発火性のみ（黄りん）→炎、火花、高温体との接近、過熱を避ける。
- 禁水性のみ（リチウム）→水との接触を避ける。

それなら、黄りんは水との接触はOK！
ということになるね。

 練 習 問 題

問01 **法令上、製造所等における危険物の貯蔵・取扱いの技術上の基準として、次のうち誤っているものはどれか。**

1 貯留設備または油分離装置にたまった危険物は、あふれないように随時くみ上げなければならない。

2 危険物を保護液中に保存する場合は、危険物が保護液から露出しないようにしなければならない。

3 可燃性の蒸気が滞留するおそれのある場所では、火花を発する機械器具等を使用してはならない。

4 危険物のくず、かす等は、1日に1回以上、危険物の性質に応じて安全な場所で廃棄その他適当な処置をする。

5 危険物が残存し、または残存しているおそれがある設備、機械器具、容器等を修理する場合は、火花を発する機械器具を使用してはならない。

解答 5 ［貯蔵・取扱い共通の基準 → p.59］

危険物が残存し、または残存しているおそれがある設備、機械器具、容器等を修理する場合は、安全な場所において、危険物を完全に除去した後に行わなければならない。

Lesson14 貯蔵・取扱いの基準②

絶対覚える！最重要ポイント

基本を押さえる！

①類を異にする危険物の同時貯蔵は、原則禁止

②タンク計量口、防油堤水抜口は、使用時以外は閉鎖

③移動タンク貯蔵所に備え付ける書類

④取扱い（廃棄）の基準

1 貯蔵の基準

　製造所等において危険物を貯蔵する場合は、貯蔵・取扱いのすべてに共通する基準のほか、次の技術上の基準に従わなければならない。危険物の貯蔵の基準は、次のようなものがある。

（1）同時貯蔵の禁止

①貯蔵所において、危険物以外の物品を貯蔵した場合、発火や延焼拡大の危険性があることから、原則として、危険物以外の物品を貯蔵してはならない。ただし、次の場合は、同時に貯蔵することができる。

●屋内貯蔵所または屋外貯蔵所において、一定の危険物と危険物以外の物品とをそれぞれまとめて貯蔵し、かつ、相互に1m以上の間隔を置く場合。

②類を異にする危険物は、原則として、同一の貯蔵所（耐火構造の隔壁で完全に区分された室が2以上ある貯蔵所においては、同一の室）において貯蔵しないこと。ただし、次の場合は、同時に貯蔵することができる。

●屋内貯蔵所または屋外貯蔵所において、一定の危険物を類別ごとにそれぞれとりまとめて貯蔵し、かつ、相互に1m以上の間隔を置く場合。

[同時に貯蔵できる危険物の例]

→第1類と第6類の危険物、第2類（引火性固体）と第4類の危険物、など。

（2）屋内貯蔵所・屋外貯蔵所の貯蔵の基準

①屋内貯蔵所、屋外貯蔵所において危険物を貯蔵する場合の容器の積み重ね高さは、3m以下とする。

②屋外貯蔵所において危険物を収納した容器を架台で貯蔵する場合の貯蔵高さは、6m以下とする。

③屋内貯蔵所においては、容器に収納して貯蔵する**危険物の温度が55℃を超えな**いように必要な措置を講ずる。

> 屋内貯蔵所、屋外貯蔵所では、原則として、危険物は容器に収納して保存するのでしたね！

（3）タンク貯蔵所等の貯蔵の基準

●タンク貯蔵所等の貯蔵の主な基準

屋外・屋内・地下・簡易貯蔵タンク	計量口は、計量するとき以外は閉鎖しておく。
屋外・屋内・地下貯蔵タンク	元弁*、注入口の弁またはふたは、危険物を入れ、または出すとき以外は、閉鎖しておく。
屋外貯蔵タンク	防油堤の水抜口は、通常閉鎖しておき、防油堤内部に滞油し、または滞水した場合は、遅滞なくこれを排出する。
移動貯蔵タンク	●貯蔵し、または取り扱う危険物の類、品名、最大数量を表示する。 ●タンクの底弁は、使用時以外は完全に閉鎖しておく。

用語 元弁　液体の危険物を移送するための配管に設けられた弁のうちタンクの直近にあるもの。

 覚える！　**重要ポイント**

同時貯蔵の禁止

貯蔵所は、原則として、危険物以外の物品を貯蔵してはならない。類を異にする危険物は、原則として、同一の貯蔵所において貯蔵しない。

屋内貯蔵所の貯蔵の基準

容器に収納して貯蔵する危険物の温度が55℃を超えないようにする。

タンク貯蔵所等の貯蔵の基準

タンクの計量口や弁等、防油堤の水抜口は、使用時以外は閉鎖する。

（4）移動タンク貯蔵所に備え付ける書類

 覚える！　**●移動タンク貯蔵所（車両）に備え付ける書類**

①完成検査済証　　②定期点検記録　　③譲渡・引渡の届出書
④品名・数量または指定数量の倍数の変更の届出書

2 取扱いの基準

　製造所等において危険物を取り扱う場合は、貯蔵・取扱いのすべてに共通する基準のほか、次の技術上の基準に従わなければならない。危険物の取扱いの基準は、次のようなものがある。

(1) 取扱いの別による技術上の基準

　危険物の取扱いの別（製造、詰替、消費、廃棄）により、それぞれ技術上の基準が定められている。ここでは特に廃棄の基準に注目する。

 覚える! ●危険物の取扱いの技術上の基準（廃棄）

取扱いの別	技術上の基準
廃　　棄	①焼却する場合は、安全な場所で、かつ、燃焼または爆発によって他に危害または損害を及ぼすおそれのない方法で行うとともに、見張人をつける。 ②埋没する場合は、危険物の性質に応じ、安全な場所で行う。 ③危険物は、海中または水中に流出させ、または投下しない。

※参考 その他の基準　消費の基準（一部抜粋）
 ・吹付塗装作業は、防火上有効な隔壁等で区画された安全な場所で行う。
 ・バーナーを使用する場合は、逆火を防ぎ、危険物があふれないようにする。

(2) 給油取扱所の取扱いの基準

　給油取扱所における危険物の取扱いについては、取扱いの別による技術上の基準のほか、次のような技術上の基準が定められている。

●給油取扱所の危険物の取扱いの主な技術上の基準

施設区分	技術上の基準
給油取扱所	①自動車等に給油するときは、固定給油設備を使用し、直接給油する。 ②自動車等に給油するときは、自動車等の原動機を停止させる。 ③自動車等の一部または全部が給油空地からはみ出たままで給油しない。 ④専用タンクまたは簡易貯蔵タンクに危険物を注入するときは、総務省令で定める措置を講じた時を除き、それらのタンクに接続する固定給油設備または固定注油設備の使用を中止する。また、自動車等をタンクの注入口に近づけない。 ⑤自動車等に給油するとき等は、固定給油設備または専用タンクの注入口もしくは通気管の周囲に、他の自動車等が駐車することを禁止するとともに、自動車等の点検もしくは整備または洗浄を行わない。 ⑥自動車等の洗浄を行う場合は、引火点を有する液体の洗剤を使用しない。

セルフ型スタンド	①顧客用固定給油設備以外の設備を使用して顧客自らによる給油を行わない。 ②顧客用固定注油設備以外の固定注油設備を使用して顧客自らによる容器への詰替えを行わない。 ③顧客用固定給油設備の1回の給油量及び給油時間の上限並びに顧客用固定注油設備の1回の注油量及び注油時間の上限をそれぞれ顧客の1回当たりの給油量及び給油時間または注油量及び注油時間を勘案し、適正な数値に設定する。 ④顧客の給油作業等を直視等により適切に監視する。 ⑤制御装置等により顧客の給油作業等について必要な指示を行う。 ⑥顧客の給油作業等が開始されるときには、火気のないことその他安全上支障のないことを確認した上で、制御装置を用いてホース機器への危険物の供給を開始し、顧客の給油作業等が行える状態にする。 ⑦顧客の給油作業等が終了したとき並びに顧客用固定給油設備及び顧客用固定注油設備のホース機器が使用されていないときには、制御装置を用いてホース機器への危険物の供給を停止し、顧客の給油作業等が行えない状態にする。

 重要ポイント

給油取扱所の取扱いの基準

●固定給油設備を使用し、直接給油する。

●給油するときは、自動車等の原動機を停止させる。

●自動車等の一部または全部が給油空地からはみ出たままで給油しない。

●顧客に自ら給油等をさせる給油取扱所（セルフ型スタンド）では、顧客用固定給油設備を使用し、給油する。

（3）移動タンク貯蔵所の取扱いの基準

　移動タンク貯蔵所における危険物の取扱いについては、取扱いの別による技術上の基準のほか、次のような技術上の基準が定められている。

 ●**移動タンク貯蔵所の危険物の取扱いの主な技術上の基準**

①	移動貯蔵タンクから液体の危険物を容器に詰め替えない。ただし、一定の方法で引火点が40℃以上の第4類の危険物を詰め替えるときは、この限りでない。
②	ガソリン、ベンゼン、その他静電気による災害が発生するおそれのある液体の危険物を移動貯蔵タンクに入れ、または移動貯蔵タンクから出すときは、移動貯蔵タンクを接地する。
③	移動貯蔵タンクから危険物を貯蔵し、または取り扱うタンクに引火点が40℃未満の危険物を注入するときは、移動タンク貯蔵所の原動機を停止させる。
④	ガソリンを貯蔵していた移動貯蔵タンクに灯油もしくは軽油を注入するとき、または灯油もしくは軽油を貯蔵していた移動貯蔵タンクにガソリンを注入するときは、静電気等による災害を防止するための措置を講ずる。

練習問題

問01 法令上、屋内貯蔵所において、危険物を類別ごとにそれぞれとりまとめて貯蔵し、かつ、相互に 1m 以上の間隔を置いて、同時に貯蔵することができる組合せは、次のうちどれか。

1　第 1 類と第 5 類の危険物　　　2　第 1 類と第 6 類の危険物

3　第 2 類と第 4 類の危険物　　　4　第 2 類と第 5 類の危険物

5　第 3 類と第 6 類の危険物

解答　2　　　　　　　　　　　　　　　　　　　［貯蔵の基準　→ p.62］

問02 法令上、顧客に自ら自動車等に給油等をさせる給油取扱所（セルフ型スタンド）における危険物の取扱いの技術上の基準について、次のうち誤っているものはどれか。

1　制御卓において、顧客の給油作業等を直視等により適切に監視する。

2　顧客用固定給油設備以外の固定給油設備を使用して、顧客自らによる給油を行わせることができる。

3　顧客用固定給油設備の 1 回の給油量および給油時間の上限を、それぞれ顧客の 1 回当たりの給油量および給油時間を勘案し、適正な数値に設定する。

4　非常時には、制御装置によりホース機器への危険物の供給を一斉に停止し、給油取扱所内のすべての固定給油設備および固定注油設備における危険物の取扱いが行えない状態にする。

5　顧客の給油作業等が終了したときは、制御装置を用いてホース機器への危険物の供給を停止し、顧客の給油作業等が行えない状態にする。

解答　2　　　　　　　　　　　［取扱いの基準（セルフ型スタンド）　→ p.65］

　顧客用固定給油設備以外の固定給油設備を使用して、顧客自らによる給油を行うことはできない。

Lesson15 運搬の基準

絶対覚える！最重要ポイント

第4類を中心に！

① 運搬は指定数量未満の危険物も消防法の規制を受ける
② 危険等級と運搬容器の外部に**表示する項目**（特に第4類）
③ 第4類の危険物と混載禁止の危険物（第1類、第6類）
④ 運搬方法の基準

1 運搬の基準の適用

　危険物の運搬とは、トラックなどの車両によって危険物を運ぶことをいう。危険物の運搬は、運搬容器、積載方法、および運搬方法について技術上の基準が定められている。この技術上の基準は、指定数量未満の危険物についても適用される。移動タンク貯蔵所（タンクローリー）で危険物を運ぶ行為は移送*といい、運搬とは異なる。　*移送については、Lesson16（p.72）参照。

 重要ポイント

運搬の基準の適用

運搬とは、<u>トラックなどの車両</u>で危険物を運ぶこと。運搬容器、積載方法、運搬方法に関する<u>技術上の基準</u>は、<u>指定数量未満</u>の危険物にも<u>適用</u>される。

2 運搬容器の基準

●運搬容器の主な基準

①	運搬容器の材質は、鋼板、アルミニウム板、ブリキ板、ガラス、金属板、紙、プラスチック、ファイバー板、ゴム類、合成繊維、麻、木または陶磁器であること。
②	運搬容器の構造は、堅固で容易に破損するおそれがなく、かつ、その口から収納された危険物が漏れるおそれのないものでなければならない。
③	運搬容器の構造および最大容積は、容器の区分に応じ細かく定められている。

④	危険物は、危険性の程度に応じて、危険等級Ⅰ、Ⅱ、Ⅲに区分されている。第4類危険物の区分は、危険等級Ⅰ（特殊引火物）、Ⅱ（第1石油類、アルコール類）、Ⅲ（Ⅰ、Ⅱ以外のもの）となる。

 覚える！ **重要ポイント**

第4類危険物の危険等級

危険等級Ⅰ（特殊引火物）、Ⅱ（第1石油類、アルコール類）、

Ⅲ（Ⅰ、Ⅱ以外のもの）

+1 **その他の類の危険物の危険等級**

その他の類の危険物についても、次の危険等級については覚えておくとよい。

プラス
理解を
深める！

● Ⅰ…第3類のうちカリウム、黄りんなど、第6類すべて（過塩素酸など）。
● Ⅱ…第2類のうち赤りん、硫黄など。

3 積載方法の基準

（1）運搬容器への収納

①危険物は、原則として運搬容器に収納して積載する。ただし、塊状の硫黄等を運搬するため積載する場合、または危険物を1の製造所等からこの製造所等の存する敷地と同一の敷地内に存する他の製造所等に運搬する場合は、この限りでない。

②危険物は温度変化等により危険物が漏れないように運搬容器を密封して収納する。

③危険物は、収納する危険物と危険な反応を起こさないなど、危険物の性質に適応した材質の運搬容器に収納する。

④固体の危険物は、運搬容器の内容積の95%以下の収納率で収納する。

⑤液体の危険物は、運搬容器の内容積の98%以下の収納率で、かつ、55℃の温度において漏れないように十分な空間容積を有して収納する。

 覚える！ **重要ポイント**

運搬容器への収納

危険物は、原則として運搬容器に収納して積載する。ただし、塊状の硫黄等を運搬するため積載する場合は、この限りでない。

（2）運搬容器の外部の表示

　危険物は、運搬容器の外部に、危険物の品名、数量等、次の内容を表示し、積載しなければならない。

①危険物の品名、危険等級、化学名。第4類の危険物のうち水溶性のものは「水溶性」と表示。

②危険物の数量。

③収納する危険物に応じた注意事項（次表参照）。

類別	品名	注意事項
第1類	アルカリ金属の過酸化物とその含有品	「火気・衝撃注意」「可燃物接触注意」「禁水」
	その他のもの	「火気・衝撃注意」「可燃物接触注意」
第2類	鉄粉、金属粉、マグネシウムとこれらの含有品	「火気注意」「禁水」
	引火性固体	「火気厳禁」
	その他のもの	「火気注意」
第3類	自然発火性物品すべて	「空気接触厳禁」「火気厳禁」
	禁水性物品すべて	「禁水」
第4類	すべて	「火気厳禁」
第5類	すべて	「火気厳禁」「衝撃注意」
第6類	すべて	「可燃物接触注意」

覚える！　**重要ポイント**

運搬容器の外部に表示する項目

●危険物の品名、危険等級、化学名、数量、注意事項。

●第4類の危険物すべて…「火気厳禁」

　第4類の危険物のうち水溶性のもの…「水溶性」

（3）積載方法

①危険物が転落し、または危険物を収納した運搬容器が落下し、転倒し、もしくは破損しないように積載する。

②運搬容器は、収納口を上方に向けて積載する。

③危険物を収納した運搬容器を積み重ねる場合は、3m以下とする。

④特定の危険物は、その性質に応じて有効に被覆する等必要な措置を講じて積載する（次表参照）。

危険物の種類	必要な措置
第1類の危険物、第3類のうち自然発火性物品、第4類のうち特殊引火物、第5類の危険物、第6類の危険物	日光の直射を避けるため遮光性の被覆で覆う。
第1類のうちアルカリ金属の過酸化物とその含有品、第2類のうち鉄粉、金属粉、マグネシウムとこれらの含有品、第3類のうち禁水性物品	雨水の浸透を防ぐため防水性の被覆で覆う。
第5類のうち55℃以下の温度で分解するおそれのあるもの	保冷コンテナに収納する等、適正な温度管理をする。

⑤同一車両において、異なる類の危険物を運搬するとき、混載してはならない危険物は次表のとおりである。ただし、指定数量の1/10以下の危険物を運搬する場合は、この規定は適用されない。

	第1類	第2類	第3類	第4類	第5類	第6類
第1類		×	×	×	×	○
第2類	×		×	○	○	×
第3類	×	×		○	×	×
第4類	×	○	○		○	×
第5類	×	○	×	○		×
第6類	○	×	×	×	×	

（○は混載可能、×は混載不可）

覚える！　**重要ポイント**

積載方法の基準

危険物は、転落、落下、転倒、また破損しないように積載する。運搬容器は、収納口を上方に向けて積載する。

第4類の危険物と混載禁止の危険物…第1類、第6類の危険物

（その他の類の危険物は、第4類の危険物との混載は可能）

4 運搬方法の基準

●運搬方法の主な基準

①	危険物または危険物を収納した運搬容器が著しく摩擦、動揺を起こさないように運搬する。
②	危険物の運搬中に危険物が著しく漏れる等災害が発生するおそれのある場合は、災害を防止するため応急の措置を講ずるとともに、もよりの消防機関その他の関係機関に通報する。
③	指定数量以上の危険物を運搬する場合には、次の基準がある。 ●車両の前後の見やすい箇所に標識を掲げる。標識は、一辺0.3m平方の板に地を黒色、文字を黄色の反射塗料等で「危」と表示する。 ●危険物に適応する消火設備を備える。

　なお、指定数量以上の危険物を運搬する場合であっても、法令上は、危険物取扱者の同乗は義務づけられていない。

 練 習 問 題

問01 法令上、危険物の運搬に関する技術上の基準について、次のうち誤っているものはどれか。

1　同一車両において、異なる類の危険物を混載し運搬することは、一切禁止されている。

2　危険物を収納した運搬容器を積み重ねる場合は、3m以下とする。

3　運搬容器は、収納口を上方に向けて積載しなければならない。

4　指定数量の1/10以下の危険物も運搬容器の規制を受ける。

5　第2類のうち鉄粉、金属粉、マグネシウムとこれらの含有品を積載する場合、雨水の浸透を防ぐため防水性の被覆で覆わなければならない。

解答　1　　　　　　　　　[運搬容器の基準、積載方法の基準　→ p.67〜70]

　1は、一切禁止ではなく混載禁止のものがある。

　4は、指定数量の1/10以下の危険物も運搬容器の規制を受ける。ただし、同一車両において異なる類の危険物の混載禁止の規定については、指定数量の1/10以下の危険物を運搬する場合は適用されない。

OIL

Lesson16 移送の基準

絶対覚える！ 最重要ポイント	①危険物の移送は、危険物取扱者が乗車する
	②危険物取扱者は、危険物取扱者免状を携帯する
移送と その関連事項	③移動タンク貯蔵所に備え付ける書類
	移動タンク貯蔵所に関連する主な基準も再確認しよう！

1 移送の基準

　危険物の移送とは、移動タンク貯蔵所（タンクローリー）によって危険物を運ぶ行為をいう。

 覚える！　●移送の主な基準

①	移動タンク貯蔵所による危険物の移送は、その危険物を取り扱うことができる危険物取扱者を乗車させなければならない。※甲種…すべて、乙種…取得した類、丙種…第4類のうち指定されたもの（ガソリン、灯油、軽油　など）
②	危険物取扱者は、移動タンク貯蔵所に乗車しているときは、危険物取扱者免状を携帯していなければならない。
③	危険物の移送をする者は、移送の開始前に、移動貯蔵タンクの底弁その他の弁、マンホールおよび注入口のふた、消火器等の点検を十分に行う。
④	危険物の移送をする者は、移送が長時間（連続運転時間4時間超、1日当たり9時間超）にわたるおそれがある移送であるときは、2人以上の運転要員を確保する。
⑤	アルキルアルミニウム、アルキルリチウム等の危険物を移送する場合は、移送の経路その他必要な事項を記載した書面を関係消防機関に送付するとともに、書面の写しを携帯し、書面に記載された内容に従う。

2 移動タンク貯蔵所に関連する基準

①**移動タンク貯蔵所（車両）に備え付ける書類**：完成検査済証、定期点検記録、譲渡・引渡の届出書、品名・数量または指定数量の倍数の変更の届出書（p.63参照）。

②**移動タンク貯蔵所の取扱いの基準**：移動貯蔵タンクから引火点が40℃未満の危

険物を注入するときは、原動機を停止させる（p.65参照）。

③**立入検査**：消防吏員または警察官は、移送に伴う火災防止のため特に必要がある場合、走行中の移動タンク貯蔵所を停止させ、危険物取扱者免状の提示を求めることができる（p.76参照）。

④**移動貯蔵タンクの容量**：30,000L以下（p.47参照）。

運搬と移送の比較

理解を
深める！

	運搬（トラックなどの車両）	移送（タンクローリー）
消防法の規制	○指定数量未満でも消防法の規制あり	○移動タンク貯蔵所は指定数量以上の危険物を貯蔵・取り扱う施設（製造所等）に該当
設置・変更の許可	—	○（製造所等の設置・変更の許可）
届出の義務	×運搬を行う場合の消防署等への届出義務なし	×移送を行う場合の消防署等への届出義務なし（所定の危険物を除く）
危険物取扱者の乗車	×不要	○移送する危険物を取り扱うことのできる危険物取扱者（危険物取扱者免状を携帯する義務あり）

 練 習 問 題

問01 法令上、移動タンク貯蔵所におけるガソリンの移送および取扱いについて、次のうち誤っているものはどれか。

1　完成検査済証、定期点検記録、譲渡・引渡の届出書等を移動タンク貯蔵所に備え付けている。

2　移送に際し、乙種危険物取扱者（第4類）が同乗し、免状を携帯している。

3　運転者は丙種危険物取扱者であり、免状を携帯している。

4　移動貯蔵タンクからガソリンを他のタンクに注入するときは、移動タンク貯蔵所の原動機を停止させる。

5　乗車している危険物取扱者の免状は常置場所のある事務所で保管している。

解答　5　　　　　　　　　　　　　　　　　　　　　[移送の基準　→ p.72 〜 73]

危険物取扱者は、移送時には**危険物取扱者免状を携帯**しなければならない。

Lesson17 措置命令・許可の取消し・使用停止命令

<table>
<tr><td rowspan="4">絶対覚える！
最重要ポイント

許可の取消し</td><td>①措置命令の種類</td></tr>
<tr><td>②許可の取消しまたは使用停止命令（施設的な面の違反）</td></tr>
<tr><td>③使用停止命令（人的な面の違反）</td></tr>
<tr><td>許可の取消し・使用停止命令の対象外の違反にも注目！</td></tr>
</table>

1 措置命令

　市町村長等は、次に該当する事項が発生した場合は、製造所等の所有者、管理者または占有者に対し、該当する措置を命じることができる（措置命令）。

措置命令の種類	該当事項
危険物の貯蔵・取扱基準の遵守命令	製造所等における危険物の貯蔵・取扱いが技術上の基準に違反しているとき。
危険物施設の基準適合命令（修理、改造または移転の命令）	製造所等の位置、構造および設備が技術上の基準に違反しているとき。
危険物保安統括管理者または危険物保安監督者の解任命令	消防法に基づく命令の規定に違反したとき、またはその責務を怠っているとき。
予防規程変更命令	火災の予防のため必要があるとき。
危険物施設の応急措置命令	危険物の流出その他の事故が発生したときに、応急の措置を講じていないとき。
移動タンク貯蔵所の応急措置命令	管轄する区域にある移動タンク貯蔵所について、危険物の流出その他の事故が発生したとき。

2 許可の取消しと使用停止命令

①許可の取消しまたは使用停止命令

　市町村長等は、製造所等の所有者、管理者または占有者が次のいずれかに該当するときは、製造所等の設置許可の取消し、または期間を定めて製造所等の使用停止を命じることができる。

覚える！ ●許可の取消しまたは使用停止命令（施設的な面での違反）

無許可変更	製造所等の位置、構造または設備を無許可で変更したとき。
完成検査前使用	製造所等を完成検査済証の交付前に使用したとき、または仮使用の承認を受けずに使用したとき。
措置命令違反	製造所等の位置、構造、設備にかかわる措置命令に違反したとき。
保安検査未実施	政令で定める屋外タンク貯蔵所、移送取扱所の保安の検査を受けないとき。
定期点検未実施	定期点検が必要な製造所等について、定期点検の実施、点検記録の作成、保存がなされないとき。

②使用停止命令

　市町村長等は、製造所等の所有者、管理者または占有者が次のいずれかに該当するときは、期間を定めて製造所等の使用停止を命じることができる。

 覚える！ ●使用停止命令（人的な面での違反）

貯蔵取扱基準遵守命令違反	危険物の貯蔵・取扱い基準の遵守命令に違反したとき。
危険物保安統括管理者の未選任	危険物保安統括管理者を定めないとき、またはその者に事業所における危険物の保安に関する業務を統括管理させていないとき。
危険物保安監督者の未選任	危険物保安監督者を定めないとき、またはその者に危険物の取扱作業に関して保安の監督をさせていないとき。
危険物保安統括管理者等の解任命令違反	危険物保安統括管理者または危険物保安監督者の解任命令に違反したとき。

 罰則規定（許可の取消し、使用停止命令の対象とならない違反）
●危険物保安統括管理者および危険物保安監督者の選任・解任の届出義務違反
●予防規程の変更命令違反　●製造所等の用途の廃止の届出義務違反
●危険物取扱者免状返納命令違反　など

3 立入検査等

①立入検査

　市町村長等は、火災の防止のため必要があると認めるときは、指定数量以上の危険物を貯蔵し、もしくは取り扱っていると認められるすべての場所の所有者等に対し資料の提出、報告を求め、消防事務に従事する職員を立ち入らせ、検査、質問、もしくは危険物を収去させることができる。

②走行中の移動タンク貯蔵所の停止

　消防吏員または警察官は、危険物の移送に伴う火災の防止のため特に必要がある
と認める場合には、走行中の移動タンク貯蔵所を停止させ、乗車している危険物取
扱者に対し、危険物取扱者免状の提示を求めることができる。

4 流出事故等発生時の措置

①製造所等の所有者等…危険物の流出、拡散の防止、流出した危険物の除去、その
　他災害の発生の防止のための応急の措置を講ずる。
②市町村長等…応急の措置を講じていないと認めるときは、応急の措置を講ずるこ
　とを命じる。
③事故発見者…直ちに、消防署、警察署または海上警備救難機関等に通報する。

 練 習 問 題

問01
法令上、市町村長等から製造所等の許可の取消しを命じられる内容として、次のうち該当しないものはどれか。

1　製造所等の位置、構造または設備を無許可で変更したとき。

2　政令で定める屋外タンク貯蔵所の保安の検査を受けないとき。

3　危険物保安監督者を定めなければならない製造所等で、それを定めないとき。

4　製造所等の措置命令に違反したとき。

5　製造所等を完成検査済証の交付前に使用したとき。

解答　3　　　　　　　　　　　　　　　　　[許可の取消しと使用停止命令　→ p.75]

　3は、使用停止命令を命じられる内容に該当する。

　4は、製造所等の位置、構造、設備にかかわる措置命令に違反したとき（措置
命令違反）であり、許可の取消しを命じられる内容に該当する。

解法の
ポイント！
　許可の取消しに該当する内容かは、「施設的な面での違反」であるかどうか
で判断する。使用停止命令に該当する内容は「人的な面での違反」である。

第 2 章
基礎的な物理学及び基礎的な化学

Lesson01 物質の物理変化

絶対覚える！
最重要ポイント

①物質の状態変化（固体・液体・気体）
②沸点と融点

物理変化
とは？

③他の物理変化（溶解、潮解、風解）

これらを把握し、物質の物理変化への理解を深めよう！

1 物質の状態変化

　水を例にとると、水が水蒸気や氷に変わるのは、単に液体・気体・固体という状態（物質の三態）が変化するだけであって、水という物質が別の物質に変わるわけではない。このような変化のしかたを、状態変化または三態変化という。状態変化は、水だけでなくほかの多くの物質にもみられる現象である。

■水の状態変化

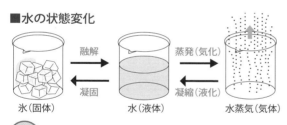

融解 → / ← 凝固

蒸発（気化） → / ← 凝縮（液化）

氷（固体）　　水（液体）　　水蒸気（気体）

状態変化が起こるときには、熱を吸収、または熱を放出します。

覚える！ ■物質の状態変化

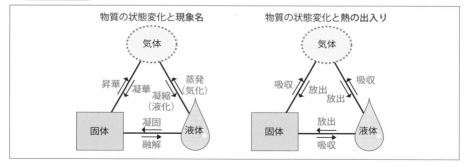

物質の状態変化と現象名

気体

昇華／凝華　凝縮（液化）／蒸発（気化）

固体　凝固／融解　液体

物質の状態変化と熱の出入り

気体

吸収／放出　放出／吸収

固体　放出／吸収　液体

昇華・凝華の例（液体の状態がない状態変化）

昇華・凝華の例には、次のようなものがある。

●固体 $\xrightarrow{\text{（直接）}}$ 気体…ナフタレン、ドライアイス* など

●気体 $\xrightarrow{\text{（直接）}}$ 固体…ダイヤモンドダスト* など

用語 ドライアイス　固体の二酸化炭素（CO_2）のこと。

ダイヤモンドダスト　細氷のことで、大気中の水蒸気が凝華してできたごく小さな氷晶（氷の結晶）が降る自然現象。太陽の光に照らされてキラキラ光るのが特徴で、厳冬期の北海道内陸部などでみられる。

2 沸点と融点と物質の状態

①沸点

一定圧力のもとで液体を加熱すると、液体の表面ばかりでなく、液体の内部からも蒸発が起こり、ぶくぶくと泡が激しく発生する。この現象を沸騰といい、このときの液体の温度を沸点という。

■水の沸騰

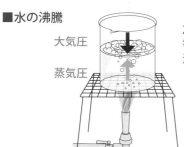

大気圧

蒸気圧

2つの圧力が
等しくなったとき
沸騰が起こる

●物質の沸点の例

物　質	沸点（℃）
酢　酸	118
水	100
エタノール	78
二硫化炭素	46
アセトアルデヒド	21

覚える！ 　**重要ポイント**

沸点

液体の蒸気圧と液体にかかる大気圧（外圧）が等しくなるときの液温のこと。

沸点は、外圧が大きくなれば高くなり、外圧が小さくなれば低くなる。

例えば、高い山の上など気圧の低い場所では、水は100℃未満で沸騰します。

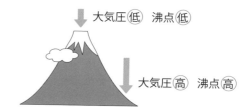

大気圧（低） 沸点（低）

大気圧（高） 沸点（高）

②融点（凝固点）

　固体が吸熱して液体になる現象を融解といい、そのときの物質の温度を融点という。逆に、液体が放熱して固体になる現象を凝固といい、そのときの物質の温度を凝固点という。同一圧力のもとでは、同じ物質の融点と凝固点は等しい。例えば、1気圧において、氷は0℃で液体（水）となり、水は0℃で固体（氷）となる。

■氷の融解

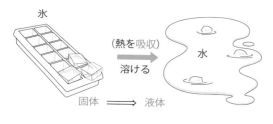

氷

（熱を吸収）

溶ける

水

固体 ⟹ 液体

●物質の融点の例

物　質	融点（℃）
氷	0
ナフタレン	80
ナトリウム	98
アルミニウム	660
鉄	1535

③沸点と融点と物質の状態

　水の状態変化を例に、氷（固体）を加熱して水（液体）とし、さらに加熱して気体（水蒸気）とするときの温度変化を次図に示す。横軸は一定の熱を加えた時間（または加えられた熱エネルギー）、縦軸は物質の温度である。

■水の状態変化（1気圧〔1atm〕）

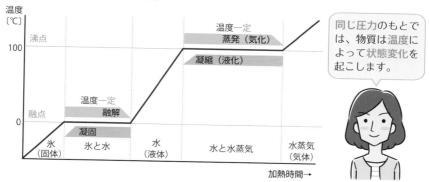

同じ圧力のもとでは、物質は温度によって状態変化を起こします。

温度一定の理由

水の状態変化のなかで、温度が一定の部分には次のような理由がある。

① **「固体が液体に変化している間は温度一定」の理由**

融解時に加えられた熱エネルギーは、固体から液体への「状態変化」に使われるため、温度が上昇しない。

② **「液体が気体に変化している間は温度一定」の理由**

沸騰中も熱エネルギーが「液体から気体へと変化する」ためにだけ使われるので、一定温度が続く。

3 他の物理変化

物質の状態変化（融解、凝固、蒸発、凝縮、昇華、凝華、沸騰）のほか、溶解、潮解、風解なども物理変化である。

重要ポイント

物理変化

物質が温度や圧力の変化により、状態や形だけが変化すること。

三態変化のほかに、溶解、潮解、風解なども物理変化である。

※化学変化については、Lesson06（p.96）で詳述。

①溶解

物質が液体に溶けて均一な液体になることを溶解という（融解とは区別する）。

■ **溶解の例**

砂糖を水に溶かして
砂糖水をつくる

②潮解

水酸化ナトリウムNaOH（白色固体）は、空気中に放置すると水蒸気（水分）を吸収して溶ける。このような固体が空気中の水蒸気（水分）を吸収して溶ける現象を潮解という。

■ **NaOHの潮解**

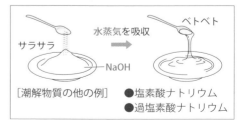

サラサラ　水蒸気を吸収　ベトベト
NaOH

［潮解物質の他の例］　●塩素酸ナトリウム
●過塩素酸ナトリウム

③風解

　結晶炭酸ナトリウム $Na_2CO_3 \cdot 10$ H_2O を空気中に放置すると、徐々に9分子の結晶水*を失って、白色粉末状の $Na_2CO_3 \cdot H_2O$ になる。このような結晶水を含む物質が空気中に放置され、結晶水を失って（水分が蒸発して）粉末状になる現象を風解という。

用語 結晶水　結晶の成分となっている水のこと。

■ $Na_2CO_3 \cdot 10\,H_2O$ の風解

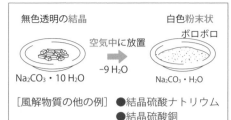

無色透明の結晶　　　　　　　　　白色粉末状
　　　　　　　　　空気中に放置　　　ボロボロ
　　　　　　　　　　$-9\,H_2O$
$Na_2CO_3 \cdot 10\,H_2O$　　　　　　$Na_2CO_3 \cdot H_2O$

［風解物質の他の例］　●結晶硫酸ナトリウム
　　　　　　　　　　　　●結晶硫酸銅

さまざまな物理変化の例

理解を
深める！

●ガラスが割れる。　●ばねが伸びる。
●エタノールにメタノール等を添加して変性アルコールをつくる。
●原油を分別蒸留（分留）してガソリンをつくる。
●ガソリンが流体摩擦で静電気（摩擦電気）を発生する。
●ニクロム線に電流を通すと赤くなる。

練 習 問 題

問01　物質の状態変化と熱の出入りについて、次のうち正しいものはどれか。

1　固体が液体に変わることを融解といい、熱を放出する。
2　液体が気体に変わることを蒸発（気化）といい、熱を放出する。
3　固体が直接気体に変わることを昇華といい、熱を吸収する。
4　液体が固体に変わることを融解といい、熱を放出する。
5　気体が液体に変わることを蒸発（気化）といい、熱を吸収する。

解答　3　　　　　　　　　　　　　　　　　［物質の状態変化　→ p.78］

　1は、熱を吸収する。2は、熱を吸収する。4は、凝固という。5は、凝縮（または液化）といい、熱を放出する。

問02 **沸点と融点について、次の記述のうち誤っているものはどれか。**

1　同一圧力のもとでは、同じ物質の融点と沸点は等しい。

2　液体が沸騰するときの温度を沸点という。

3　液体から固体に変化するときの温度を凝固点という。

4　物質が沸点にある状態では、液体と気体は共存している。

5　物質が融点にある状態では、固体と液体が共存している。

解答 1　　　　　　　　　　　　　　[沸点と融点と物質の状態　→ p.79 ～ 80]

同一圧力のもとでは、同じ物質の融点と凝固点は等しい。

問03 **次の文中の（　）に入る語句の組合せとして、正しいものはどれか。**

「（A）は、水に溶けやすい固体が空気中にある水蒸気（水分）を吸収し、溶けてしまう現象である。また、結晶水を含む物質が空気中で結晶水を失って、（B）状になることを（C）という。」

	（A）	（B）	（C）
1	潮解	固形	風解
2	潮解	粉末	風解
3	溶解	粉末	潮解
4	風解	固形	潮解
5	風解	粉末	風解

解答 2　　　　　　　　　　　　　　[他の物理変化　→ p.81 ～ 82]

溶解、潮解、風解の定義をしっかり押さえておくこと。

潮解性、風解性を有する物質を保管するときは、ビンや缶に入れて密封しないといけないんだ！

Lesson02 比熱と熱量

絶対覚える！最重要ポイント	①比熱と熱量の定義
定義と熱量の計算	②熱容量 $C = cm$（比熱×質量）
	③熱量 $Q = cm \Delta t$（比熱×質量×温度差）
	計算式を使い、熱量の計算などができるようにしよう！

1 比熱

　水1gの温度を1℃上げるには4.186Jの熱量が必要である（Jは「ジュール」と読み、熱量の単位）。このように比熱とは、物質1gの温度を1℃（または1K[*]）上昇させるために必要な熱量をいう。比熱の単位はJ/(g・℃)またはJ/(g・K)である。

用語 絶対温度（K）　絶対温度（K）＝セ氏温度（℃）＋273（単位はケルビン（K）が用いられる）。

> 比熱の小さい物質→温まりやすく、冷めやすい。
> 比熱の大きい物質→温まりにくく、冷めにくい。

●物質の比熱の例

物　質	比熱（J/(g・℃)）
水（15℃）	4.186
海　水（17℃）	3.93
氷（－23℃）	1.94
アルミニウム（0℃）	0.877
鉄（0℃）	0.437

この表のなかでは、水の比熱が大きいですね！

+1 プラス
理解を深める！

水の比熱

　水の比熱は液体の中で最も大きい。湯たんぽの湯が容易に冷めないのは、水の比熱が大きいためである。

湯たんぽ

湯たんぽの中にお湯を入れることで、容器に熱が伝わり、暖房効果が得られる。

2 熱容量

熱容量とは、ある物質全体の温度を1℃（または1K）上昇させるために必要な熱量をいう。熱容量の単位はJ/℃（またはJ/K）である。

熱容量の値は、比熱にその物質の質量を掛けることで求められる。

熱容量C、比熱c、物質の質量mとすると次のような式になる。

$$C = cm \ 〔J/℃〕（熱容量＝物質の比熱×質量）$$

 覚える！ **重要ポイント**

比熱と熱容量

比熱…物質1gの温度を1℃（または1K）上昇させるために必要な熱量。

熱容量…ある物質全体の温度を1℃（または1K）上昇させるために必要な熱量。

$C = cm$〔J/℃〕（熱容量＝物質の比熱×質量）で求める。

3 熱量

前述の$C = cm$において、Δt〔℃〕（Δtは温度差を表し、Δは「デルタ」と読む）上昇させれば、cm〔J/℃〕のさらにΔt倍、すなわち$cm\Delta t$〔J〕となる。

したがって、質量m〔g〕の物質をΔt〔℃〕上昇させる熱量Q〔J〕は、次の式で表される。

$$Q = cm\Delta t \ 〔J〕（熱量＝物質の比熱×質量×温度差）$$

 覚える！ **重要ポイント**

熱量を求める

$Q = cm\Delta t$〔J〕（熱量＝物質の比熱×質量×温度差）

例題にチャレンジ！

例題1 比熱が 2.38J/（g・℃）である物質 100g の温度を 10℃から 25℃まで上昇させるのに要する熱量はいくらか。

［解法のヒント！］➡ 求める熱量を Q〔J〕として $Q = cm\Delta t$ に代入し、解を求める。

解答 3570J

$$Q = 2.38 \times 100 \times (25 - 10) = 2.38 \times 100 \times 15 = \textbf{3570J}$$

比熱を（g・K）で表記する場合も考え方は同じです。熱量の計算をするときはkJはJに直して計算しましょう。1kJは1000Jです。

 練 習 問 題

問01 ある物質（比熱 2.2J/（g・℃））の温度を 20℃から 28℃まで上げるのに、4048J の熱量を必要とした。この物質の質量として、次のうち正しいものはどれか。

  1 130g   2 165g   3 195g   4 230g   5 265g

解答 4

［熱量　→ p.85］

熱量を求める計算式 $Q = cm\Delta t$〔J〕を変形し、$m = \dfrac{Q}{c\Delta t}$ に数値を代入する。

$$物質の質量 = \frac{熱量}{この物質の比熱 \times 温度差}\ より$$

$$m = \frac{4048}{2.2 \times (28 - 20)} = \frac{4048}{2.2 \times 8} = \textbf{230g}$$

Lesson03 熱の移動

絶対覚える！最重要ポイント	
伝導・対流・放射	①熱の移動の仕方（伝導、対流、放射） ②伝導、対流、放射の具体例 ③熱伝導率の特徴（固体＞液体＞気体、金属＞非金属など）

1 伝導

　針金の一方の端を加熱していると、やがて反対側の端も熱くなっていく。このように、熱が物質中を次々と隣の部分に伝わっていく現象を伝導という。物質には熱が伝わりやすいものと、伝わりにくいものがある。この熱の伝導の度合を表す数値を熱伝導率という。数値が大きいほど熱が伝わりやすいことを意味する。

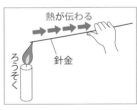

[伝導の他の例]

●沸騰しているお湯の入ったやかんの取っ手が熱くなる。

●コーヒーの熱がスプーンに伝わる。

　一般に、金属は熱をよく伝導するので熱の良導体であり、液体や気体は熱を伝えにくいので熱の不良導体である。

●物質の熱伝導率の例

物　質	温　度(℃)	熱伝導率 W/(m・K)*	物　質	温　度(℃)	熱伝導率 W/(m・K)
銀	0	428	水	0	0.561
銅	0	403	メタノール	60	0.186
亜鉛	0	117	エタノール	80	0.150
鉄	0	83.5	トルエン	80	0.119
氷	0	2.2	空　気	0	0.0241
コンクリート	常温	1	水蒸気	0	0.0158
木材(乾)	18〜25	0.14〜0.18	二酸化炭素	0	0.0145

＊熱伝導率の単位記号W/(m・K) は、ワット/(メートル・ケルビン) を示す。

重要ポイント

熱伝導率の特徴

●熱伝導率は温度により異なる。●金属は非金属よりも熱伝導率が大きい。

●熱伝導率の大きさの順は、固体＞液体＞気体。

例題にチャレンジ！

例題1　次の物質のうち、熱伝導率の最も小さいものはどれか。

1　空気　　　2　水　　　3　鉄　　　4　コンクリート　　　5　銀

[解法のヒント！] ➡「表 物質の熱伝導率の例（p.87）」から正しいものを選ぶ。

解答　1

　この中では、1の空気の熱伝導率が最も小さい。

例題2　次の物質のうち、熱伝導率の最も大きいものはどれか。

1　亜鉛　　2　エタノール　　3　氷　　4　銅　　5　二酸化炭素

[解法のヒント！] ➡「表 物質の熱伝導率の例（p.87）」から正しいものを選ぶ。

解答　4

　この中では、4の銅の熱伝導率が最も大きい。

2 対流

　やかんに入れた水をガスの炎で下から熱すると、温度の高くなった水は膨張し軽くなって上昇し、温度の低い水は重いため下降する。このような液体（または気体）の温度差によって液体（または気体）が流動（移動）し、熱が伝わる現象を対流という。

対流

[対流の他の例]

●風呂の湯を沸かすと表面の水から熱くなる。

●火災のとき、燃えているもののそばで強い風（火事場風）が起きる。

03

熱の移動

3 放射（ふく射）

　太陽の熱で地表にあるものが暖められるように、高温の物体が放射熱を出して他の物体に熱を与える現象を放射（ふく射*）という。放射（ふく射）は、中間の介在物には関係なく直接熱が移動するので、真空中でも伝わる。

用語 ふく射　放射のことをふく射（輻射）ともいう。

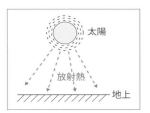

[放射（ふく射）の他の例]

●ストーブに近づくと、ストーブに向いている体の面が熱くなる。

●たき火のそばで手をかざすと、周りの温度より熱く感じる。

 練 習 問 題

問01　**熱の移動について、次のうち誤っているものはどれか。**

1　熱が物質中の高温部から低温部へと次々と伝わっていくことを伝導という。

2　気体や液体の流体が加熱されると、その部分が軽くなって上昇し、そこへ低温部分の重いものが流れ込んで流体の循環が起こり、熱が移ることを対流という。

3　高温物体が放射熱を出して他の物体に熱を与えることを放射（ふく射）という。

4　放射（ふく射）は中間の介在物には関係なく直接熱が移動するので、真空中でも伝わる。

5　気体、液体、固体のうち、一般に気体の熱伝導率が最も大きい。

解答　5　　　　　　　　　　　　　[伝導、対流、放射　→ p.87 〜 89]

　熱伝導率の大きさは、一般に、**固体＞液体＞気体**の順で、気体が最も**小さい**。

OIL

Lesson04 熱膨張

絶対覚える！最重要ポイント

液体の熱膨張

①熱膨張と体膨張率の定義
②体膨張率の大きさ（気体＞液体＞固体）
③増加体積＝元の体積×体膨張率×温度差
液体の体膨張に関する計算ができるようにしよう！

　熱膨張とは、温度が高くなるにつれて物体の長さ（線膨張）や体積（体膨張）が増加する現象をいう。線膨張は固体のみ、体膨張は固体、液体、気体が関係する。物質の体膨張率とは、体積が膨張する割合を示す数値で、物質によって大きさが異なる（次表参照）。

●物質の体膨張率の例

物　質	温　度（℃）	体膨張率（K^{-1}）*	物　質	温　度（℃）	体膨張率（K^{-1}）
銀	0～100	5.67×10^{-5}	二硫化炭素	20	1.218×10^{-3}
銅	0～100	4.98×10^{-5}	ガソリン	20	1.35×10^{-3}
水	20～40	3.02×10^{-4}	空　気	100	3.665×10^{-3}
ジエチルエーテル	20	1.65×10^{-3}	水　素	100	3.663×10^{-3}

＊K^{-1}（＝1/K）のKは、絶対温度の単位（ケルビン）を示す。

　一般に、固体、液体、気体を体膨張率の大きさの順に並べると、気体＞液体＞固体となる（体膨張率の大きさの順序は、熱伝導率の大きさの順と逆になる）。液体の体膨張によって増加する体積は、次の式で求められる。

覚える！

　　　増加体積＝元の体積×体膨張率×温度差

例題にチャレンジ！

例題1　1,000Lのガソリンの液温が10℃（283K）から20℃（293K）になると、体積は何L増加するか。
ただし、ガソリンの体膨張率は$1.35 \times 10^{-3}K^{-1}$とする。

[解法のヒント！] ➡ 求める増加体積を X 〔L〕 として、元の体積×体膨張率×温度差に数値を代入する。体膨張率は、$1.35 \times 10^{-3} = 1.35 \times \dfrac{1}{10^3} = 1.35 \times \dfrac{1}{1000} = 0.00135$ と計算する。

解答 13.5L

$$X = 1000 \times (1.35 \times 10^{-3}) \times (293 - 283) = 1000 \times 0.00135 \times 10 = 13.5\text{L}$$

液体の体膨張の関係式（膨張後の全体積）

理解を深める！

　体膨張率がわかっていれば、その物質の膨張後の全体積は、

$$\boxed{V = Vo \times (1 + a\varDelta t)}$$

ただし、$V =$ 膨張後の全体積〔L〕　　$Vo =$ 膨張前の元の体積〔L〕

　　　　$a =$ 体膨張率〔K^{-1}〕（a は「アルファ」と読む）

　　　　$\varDelta t =$ 温度差〔℃〕または〔K〕（膨張後の温度－元の温度）

また、体膨張率の計算では、10^1 は 10、10^2 は 10×10、10^{-1} は $\dfrac{1}{10}$、10^{-2} は $\dfrac{1}{10 \times 10}$ と考える。

 練 習 問 題

問01　液温 10℃（283K）で 10,000L のガソリンは、液温 30℃（303K）になると何 L になるか、次のうち正しいものはどれか。ただし、ガソリンの体膨張率は 0.00135K^{-1} とする。

1　10,020L　　　2　10,270L　　　3　10,540L

4　11,080L　　　5　11,200L

解答　2　　　　　　　　　　　　　　　　　　[液体の体膨張の関係式　→ p.91]

　ガソリンの膨張後の全体積は、「液体の体膨張の関係式」$V = Vo \times (1 + a\varDelta t)$ より求める。

　したがって、この式に問題の数値を代入すると、ガソリンの膨張後の全体積 V 〔L〕は、

$$V = 10000 \times \{1 + 0.00135 \times (303 - 283)\}$$
$$= 10000 \times (1 + 0.027) = 10000 \times 1.027 = 10270\text{L}$$

Lesson05 静電気

絶対覚える！最重要ポイント

①静電気が発生しやすい条件

②静電気災害の防止（静電気除去の三大ポイント）

静電気除去の三大ポイント

静電気はきわめて重要な項目です。特に静電気除去の三大ポイントをしっかりと理解し、利用できるようにしよう！

1 静電気とは

　静電気は摩擦電気ともいわれ、一般に、電気の不導体※同士を摩擦すると、一方の物質には正（＋）、他方の物質には負（－）の電荷が発生し帯電※する。これらの電荷は、移動しない電気ということから静電気という。

用語 電気の不導体　電気が流れにくいもの。不良導体、絶縁体（絶縁物）ともいう。
　　　帯電　物質が電気を帯びること。

[身の回りでみる静電気現象の例]

●スカートのまとわりつき。

●テレビやパソコン画面のほこりの付着。

●のこぎりを使ったときの切り粉の付着。

■エボナイト棒を毛皮でこすり、棒に紙の小片を引きつける実験

毛皮でこすった
エボナイト棒
（エボナイトは硬質ゴム）

紙片

帯電した棒に紙片が
引きつけられる

 覚える！　**重要ポイント**

静電気

摩擦により2つの不導体（絶縁体）に正（＋）、負（－）の電荷が発生し帯電する。この電荷を静電気といい、固体、液体、気体のすべてに帯電する。

2 静電気が発生しやすい条件

　静電気が発生しやすい条件は、次のようなものがある。

①絶縁性が高い物質（導電性が低い物質）ほど静電気が発生しやすい。

> 電気を通しにくい物質 → 静電気が発生しやすい。
>
> 電気を通しやすい物質 → 静電気が発生しにくい。

②ガソリンや灯油などの送油作業では、流速が大きいほど静電気が発生しやすい。
　また、流れが乱れるほど静電気が発生しやすい。

③湿度が低い（乾燥している）ほど静電気が発生しやすい。

④合成繊維の衣類（ナイロンなど）は、木綿の衣類より静電気が発生しやすい。

 覚える！　重要ポイント

静電気が発生しやすい主な条件

●絶縁性が高い物質（導電性が低い物質）ほど発生しやすい。

●流速が大きい（速い）。　　●湿度が低い（乾燥している）。

絶縁性が高い（導電性が低い）ということは、電気の逃げ道がない状態です。逆に、電気をよく通す物質は、電気がたまりにくいといえます。

3 静電気災害の防止

　静電気災害を防止する方法は、前述の「2静電気が発生しやすい条件」の逆を考えればよい。

①容器や配管など導電性の高い材料を用いる。

②給油時などでは、物質の流速を遅くする。

③湿度を高くし、発生した静電気を空気中の水分に逃がす。

④合成繊維の衣服（ナイロンなど）を避け、木綿の服を着用する。

　このほか、

⑤摩擦を少なくする。

⑥導線で接地（アース）する。

などがある。

覚える！ **重要ポイント**

静電気災害を防止する主な方法
●導電性の高い材料を用いる。 ●導線で接地（アース）する。
●流速を遅くする。 ●湿度を高くする（静電気を空気中の水分に逃がす）。

+1
プラス
理解を
深める！

第4類危険物の静電気災害の防止
　第4類危険物の物品は、電気の不導体であるものが多く、静電気が蓄積されやすい。このため、蓄積された静電気が放電するときに発生する火花により、引火することがある。第4類危険物を取り扱う際には静電気災害の防止に努めなければならない。

　静電気災害を防止する方法としての静電気除去の三大ポイントは次図のとおりである（必ず覚えること）。

■静電気除去の三大ポイント（必須）

①空気中の湿度を高くしておく

③接地（アース）する

②給油時の流速をゆっくりさせる

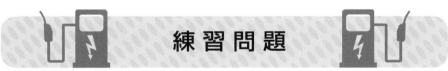

練 習 問 題

問01 **静電気に関して、次のうち誤っているものはどれか。**

1　静電気は、物質の絶縁性が低いほど発生しやすい。
2　静電気は、送油作業での流速が大きいほど発生しやすい。
3　空気中の湿度が低いと、静電気は発生しやすい。
4　衣服でこすって帯電させたプラスチックの下敷きを人の頭にあてがうと、髪の毛が逆立つ。
5　合成繊維の衣類（ナイロンなど）は、木綿の衣類より静電気が発生しやすい。

解答 1　　　　　　　　　　　　　　　　[静電気が発生しやすい条件　→ p.92 ～ 93]

　静電気は、物質の**絶縁性**が高い（導電性が低い）物質ほど発生しやすい。

2、3、4、5 は、静電気が**発生**しやすい。特に **4** は、簡単にできる**静電気の発生**である。

問02　**静電気による災害防止の対策として、次のうち誤っているものはどれか。**

1　接地（アース）する。　　　2　給油ゴムホースに導電性材料を使用する。
3　室内の湿度を下げる。　　　4　送油での流速をゆっくりする。
5　合成繊維の衣服（ナイロンなど）を避け、木綿の服を着用する。

解答 3　　　　　　　　　　　　　　　　　　　　[静電気災害の防止　→ p.93]

　湿度を下げるのではなく、室内の湿度は**上げる**（約 75 %以上）。静電気は**水分**を通して**漏えい**するので、その**蓄積を防止**することができる。

　2 の給油ゴムホースの**導電性材料**には、**導線**を巻き込んだもの、**カーボンブラック**（炭素の微粒子）の入ったものなどを使う。

問03　**静電気に関して、次の A ～ D のうち正しいもののみの組合せはどれか。**

A　液体を配管で送る際、その流速が大きいほど静電気は発生しにくい。
B　電気の不導体は、静電気が蓄積しやすい。
C　湿度が高いときは、静電気は蓄積しやすい。
D　接地（アース）は、静電気除去の有効な手段である。

1　A　B　　　2　B　C　　　3　C　D　　　4　A　D　　　5　B　D

解答 5　　　　[静電気が発生しやすい条件、静電気災害の防止　→ p.92 ～ 93]

　B、D が正しい。

　A は、**流速**が**大き**いほど静電気は発生し**やすい**。**C** は、**湿度**が高いときは、発生した静電気が空気中の**水分**に逃げるので、静電気は蓄積し**にくい**。

Lesson06 化学変化

絶対覚える！
最重要ポイント

①化学変化の定義と具体例
②化合の定義
③物理変化との違い（物理変化は Lesson01（p.78、81
　～ 82）参照。）

化学変化と化合

1 化学変化とは

　ガソリンが燃えて二酸化炭素と水蒸気が発生するように、「ある物質が、性質が違う別の物質になる」変化を化学変化という。

+1
プラス
理解を
深める！

化学変化の判断の語句
　化学変化の具体例では、次のような表記がみられる。これらは、ある現象が化学変化であるかどうかを判断するときに利用できる。
●燃える。　　　　●さびる。
●気体が発生する。　●電気分解。　　など

［化学変化の例］
●木炭や紙が燃えて灰になる。

●鉄くぎがさびる。

2 化学変化の種類

①化合：2種類以上の物質が結びついて別の物質になること。

$$A + B \longrightarrow AB$$

［例］水素と酸素を混ぜて点火すると、激しく結合して水ができる。

②分解：1つの物質が2種類以上の物質に分かれること。

$$AB \longrightarrow A + B$$

［例］水を電気分解すると、水素と酸素に分かれる。

③置換：ある化合物中の原子*または原子団が、別の原子または原子団で置き換わる変化。 $\boxed{AB + C \longrightarrow AC + B}$

④複分解：2種類の化合物が、その成分である原子または原子団を交換して、2種類の新しい化合物になる変化。 $\boxed{AB + CD \longrightarrow AD + CB}$

*原子については、Lesson08（p.102）参照。

重要ポイント

化学変化と化合

化学変化…ある物質が、性質が違う別の物質になる変化。

化合…2種類以上の物質が結びついて別の物質になる化学変化。化合により、できた物質を化合物*という。

化合のほかに、分解、置換、複分解などの化学変化がある。

*化合物については、Lesson07（p.98）参照。

 練 習 問 題

問01 次に掲げる用語のうち、化学変化であるもののみの組合せはどれか。

昇華　　化合　　凝固　　置換　　分解　　複分解

1	昇華　化合　分解	2	凝固　置換　複分解
3	化合　凝固　置換	4	化合　置換　分解
5	昇華　置換　複分解		

解答 4　　　　　　　　　　　　　　　　　　　　［化学変化の種類　→ p.96 ～ 97］

化学変化は化合、置換、分解、複分解である。

昇華と凝固は物理変化である。

OIL

Lesson07 物質の種類

絶対覚える！
最重要ポイント

定義と具体例

① 単体、化合物、混合物の定義、分類とその例
② 同素体の定義と主な同素体の例
③ 異性体の定義と例

1 物質の分類

　物質には純物質と混合物があり、純物質には単体と化合物がある。水素（H_2）や酸素（O_2）のように1種類の元素*からなるものが単体、水（H_2O）やエタノール（C_2H_5OH）のように2種類以上の元素からなるものが化合物である。また、同じ元素からなる単体が2種類以上ある場合（例えば酸素（O_2）とオゾン（O_3）のように）、それらを互いに同素体**という。混合物は、2種類以上の純物質が混じったものである。

＊元素については、Lesson08（p.103）参照。
＊＊同素体は、同位体とは全く異なるため混同しないこと。同位体については、Lesson08（p.104）で詳述。

■物質の分類とその例

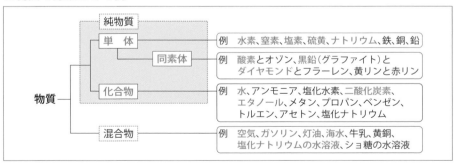

	例
単体	水素、窒素、塩素、硫黄、ナトリウム、鉄、銅、鉛
同素体	酸素とオゾン、黒鉛（グラファイト）とダイヤモンドとフラーレン、黄リンと赤リン
化合物	水、アンモニア、塩化水素、二酸化炭素、エタノール、メタン、プロパン、ベンゼン、トルエン、アセトン、塩化ナトリウム
混合物	空気、ガソリン、灯油、海水、牛乳、黄銅、塩化ナトリウムの水溶液、ショ糖の水溶液

プラス
理解を
深める！

化合物と混合物の見分け方
●化合物→1つの化学式*で表現できる。
●混合物→1つの化学式で表現できない。

＊化学式については、Lesson11（p.114）参照。

07
物質の種類

覚える！　**重要ポイント**

物質の分類

単体…1種類の元素からなるもの。［例］水素（H_2）、酸素（O_2）

化合物…2種類以上の元素からなるもの。［例］水（H_2O）、エタノール（C_2H_5OH）

混合物…2種類以上の純物質が混じったもの。［例］空気、ガソリン、灯油

2 同素体

　同素体は、同じ元素からなる単体だが、その原子の配列や結合が異なり、それぞれの性質も異なる単体どうしのことをいう。次の例は、ともに酸素（O）という元素でできた単体、酸素とオゾンの同素体の例である。

［酸素とオゾンの同素体の例］

●空気（または酸素）中で放電が起こったり、空気に紫外線が当たると酸素の一部がオゾン（O_3）に変わる。

$3 O_2 \longrightarrow 2 O_3$
（酸素）　（オゾン）

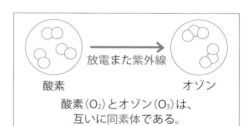

放電また紫外線

酸素　　　　　　　　　オゾン

酸素（O_2）とオゾン（O_3）は、
互いに同素体である。

覚える！　**重要ポイント**

同素体

同じ元素からなる単体で、性質の異なるものどうしのこと。

プラス
理解を
深める！

主な同素体の例

●酸素（O）…酸素、オゾン　●リン（P）…黄リン、赤リン

●炭素（C）…黒鉛（グラファイト）、ダイヤモンド、フラーレン

●硫黄（S）…斜方硫黄、単斜硫黄、ゴム状硫黄

　黒鉛（鉛筆の芯）
・もろい
・電気を通す

　ダイヤモンド
・硬い
・電気を通さない

同じ炭素（C）からなる単体
でも異なる性質をもつ。

3 異性体

　同一の分子式*をもつ化合物なのに、構造・性質が異なる物質を、互いに異性体という。ブタン（C_4H_{10}）や、エタノールとジメチルエーテル（C_2H_6O）の場合のように、分子の構造式*が異なるために生じる異性体を、特に構造異性体という。

　異性体には構造異性体のほかに立体異性体（分子の立体構造が異なることによって生じる異性体）もある。

用語 構造式　分子中の原子がどのように結合しているかを図示した化学式。

*分子については、Lesson09（p.107）、分子式についてはLesson11（p.114）参照。

[異性体の例]
●n－ブタン*とイソブタン（メチルプロパン）
　*ノルマルブタンという。

●エタノール（エチルアルコール）と
　ジメチルエーテル

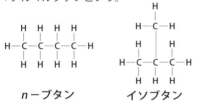

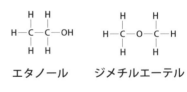

練 習 問 題

問01　次のうち、単体、化合物、混合物の正しい組合せはどれか。

	単　　体	化　合　物	混　合　物
1	水素	水	灯油
2	プロパン	鉄	アセトン
3	銅	窒素	ガソリン
4	二酸化炭素	メタン	トルエン
5	鉛	ダイヤモンド	ベンゼン

解答 1
[物質の分類 → p.98]

水素（H_2）は**単体**、水（H_2O）は**化合物**、灯油は**混合物**（炭化水素*の**混合物**）である。ほかの４肢は、次表のとおり。

	単　　体	化　合　物	混　合　物
2	×　プロパンは化合物	×　鉄は単体	×　アセトンは化合物
3	○　銅は単体	×　窒素は単体	○　ガソリンは混合物
4	×　二酸化炭素は化合物	○　メタンは化合物	×　トルエンは化合物
5	○　鉛は単体	×　ダイヤモンドはCの単体	×　ベンゼンは化合物

＊炭化水素については、第３章（p.185）参照。

問02 **異性体について、次のうち誤っているものはどれか。**

1　異性体とは、分子式が同じであるが分子の構造・性質が異なる化合物である。

2　エタノールとジメチルエーテルは互いに異性体である。

3　ノルマルブタンとイソブタンは互いに異性体である。

4　オルトキシレンとメタキシレンとパラキシレンは互いに異性体である。

5　過酸化水素と水は互いに異性体である。

解答 5
[異性体 → p.100]

過酸化水素（H_2O_2）と水（H_2O）は、分子式が異なっているので**異性体ではない**（異性体は分子式が同じ場合である）。

4は、次図のように、分子式はいずれも C_8H_{10} であり、官能基*の位置が異なっている**構造異性体**なので、**正しい**（キシレンについては、p.198 参照）。

＊官能基については、Lesson18（p.140〜141）で詳述。

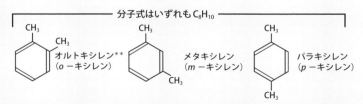

分子式はいずれもC_8H_{10}

オルトキシレン** （o−キシレン）　メタキシレン （m−キシレン）　パラキシレン （p−キシレン）

＊＊オルトキシレンは、o−キシレンとも書く。メタキシレンの場合はm−キシレンとも、パラキシレンの場合はp−キシレンとも書く。

Lesson08 原子

> **絶対覚える！**
> **最重要ポイント**
>
> | 原子と元素 |
>
> ①原子の構造
> ②原子番号＝陽子の数＝電子の数
> ③質量数＝陽子の数＋中性子の数
> 元素の周期表にも目を通し、化学の基礎知識を深めよう！

1 原子の構造

　原子は、物質を構成する基本となる粒子である。原子は、原子核とその周りにある電子で構成されている。原子核は正（＋）の電気を、電子は負（−）の電気を帯びている。さらに原子核は、普通、正の電気をもつ陽子と電気的に中性な中性子からできている。陽子の数と電子の数は等しく、原子全体としては電気的に中性である。

> 原子核が正の電気を帯びているのは、陽子があるためである。

■原子の構造

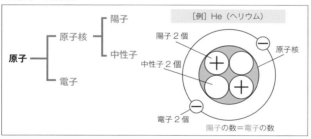

> 正の電気をもつ陽子と負の電気をもつ電子の数が同じだから、原子全体では電気的に中性になるのですね。

覚える！　**重要ポイント**

原子の構造

原子は、物質を構成する基本となる<u>粒子</u>である。原子は、<u>原子核</u>（陽子、中性子）と<u>電子</u>で構成される。<u>陽子</u>の数は、<u>電子</u>の数と等しい。

2 原子番号と質量数

　原子核中の陽子の数*をその元素*の原子番号といい、陽子の数と中性子の数の和を質量数という。元素記号*にこれらの数値を付記するときは次図のように書く。

用語 陽子の数　原子の種類により、原子に含まれる陽子の数は決まっている。
　　元素　物質を構成している基本的成分のこと。
　　元素記号　元素を記号で表したもの。

■元素記号の原子番号と質量数の書き方

[例] 炭素原子 $^{12}_{6}C$

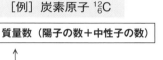

●原子番号＝陽子の数（＝電子の数）

●質量数＝陽子の数＋中性子の数

　したがって、中性子の数を求めるような場合、
　中性子の数＝質量数－陽子の数（原子番号）

質量数（陽子の数＋中性子の数）

$^{12}_{6}C$ → 元素記号

原子番号（陽子の数）

この場合の中性子の数は 12 － 6 ＝ 6 個（C の左肩の数字から左下の数字を引けばよい）

覚える！　　重要ポイント

原子番号と質量数

原子番号＝陽子の数＝電子の数、**質量数**＝陽子の数＋中性子の数。

したがって、中性子の数＝質量数－陽子の数（原子番号）。

例題にチャレンジ！

例題1　水素原子 $^{1}_{1}H$ の場合の中性子の数はいくらか。

[解法のヒント！] → 中性子の数は、元素記号の左肩（質量数）から左下（原子番号）の数字の引き算から求める。

解答　中性子の数は0。

　$^{1}_{1}H$ の左肩の数字から左下の数字を引き算（1 － 1）した結果の0が、求める水素原子 $^{1}_{1}H$ の中性子の数である。

語呂合わせで覚えよう　　質量数、陽子の数、中性子の数の関係

失礼！　　**中世の**
（質量〔数〕）　（中性子〔の数〕）

様式を
（陽子〔の数〕）

プラスしてみました。
（たす）

質量数＝陽子の数＋中性子の数

3 同位体

　同じ元素の原子は、原子核の中の陽子の数は同じであるが、中性子の数が異なるもの、つまり質量数が異なるものがある。これらを同位体（アイソトープ）または同位元素という。

●元素の同位体の例

元素名	同位体の記号	陽子の数 P	中性子の数 N	質量数 A＝P＋N
水素	$^{1}_{1}H$	1	0	1
	$^{2}_{1}H$	1	1	2
炭素	$^{12}_{6}C$	6	6	12
	$^{13}_{6}C$	6	7	13
塩素	$^{35}_{17}Cl$	17	18	35
	$^{37}_{17}Cl$	17	20	37

4 元素の周期表

　100を超える種類の元素を原子番号順に並べ、性質の似たものが縦にそろうように配列すると、「表 元素の周期表（抜粋）（p.106）」のような整然とした表ができる。これを元素の周期表という。縦の列を族、横の列を周期と呼ぶ。族は1〜18族までであり、周期は1〜7周期まである。

> 元素の周期表は、ロシアの化学者メンデレーエフが現在の形に近い周期表を発表しました。彼は元素を原子量の順に並べましたが、現在の周期表は元素を原子番号の順に並べた合理的なものとなっています。

●元素の周期表上の重要点

①1、2、12〜18族の元素を典型元素、3〜11族の元素を遷移元素という。

②典型元素は同じ族の元素の性質がよく似ているが、遷移元素では同じ周期の元素もよく似た性質を示す。

③水素を除く1族元素をアルカリ金属*ともいう。アルカリ金属は金属光沢があり、金属としての特性を示す。

　＊その水酸化物が水に溶け強いアルカリ性を示すことが名称の由来である。

④2族元素、ベリリウム（Be）、マグネシウム（Mg）、カルシウム（Ca）、ストロンチウム（Sr）、バリウム（Ba）、ラジウム（Ra）の6元素をアルカリ土類金属*という。

　＊3族のスカンジウム（Sc）〜ランタノイド中のルテチウム（Lu）までは希土類元素と呼ばれた。これら3族元素と、1族元素のアルカリ金属元素の間にあるから、アルカリ土類金属と呼ばれている。

⑤塩素（Cl）と性質のよく似た元素にフッ素（F）、臭素（Br）、ヨウ素（I）がある。これらの元素は、アルカリ金属をはじめ多くの金属と結合して塩をつくるので、ハロゲン（halogen）*と総称される。＊＊

　＊haloは「塩」、genは「生じる」という意味のギリシャ語からきている。
　＊＊ハロゲンには、このほかに短寿命の放射性元素のアスタチン（At）がある。

⑥ヘリウム（He）、ネオン（Ne）、アルゴン（Ar）、クリプトン（Kr）、キセノン（Xe）、ラドン（Rn）の6元素を貴ガスという。貴ガスは、きわめて安定な元素で他の物質とほとんど反応しない。

⑦金属元素は、陽イオンになることが多い。また、非金属元素は、すべて典型元素であり、陰イオンになることが多い。

●元素の周期表（抜粋）

族\周期	1	2	3	4	5	6	7	8	9	10	11	12	13	14	15	16	17	18
1	1H 水素 1.0																	2He ヘリウム 4.0
2	3Li リチウム 6.9	4Be ベリリウム 9.0											5B ホウ素 10.8	6C 炭素 12.0	7N 窒素 14.0	8O 酸素 16.0	9F フッ素 19.0	10Ne ネオン 20.2
3	11Na ナトリウム 23.0	12Mg マグネシウム 24.3											13Al アルミニウム 27.0	14Si ケイ素 28.1	15P リン 31.0	16S 硫黄 32.1	17Cl 塩素 35.5	18Ar アルゴン 40.0
4	19K カリウム 39.1	20Ca カルシウム 40.1	21Sc スカンジウム 45.0	22Ti チタン 47.9	23V バナジウム 50.9	24Cr クロム 52.0	25Mn マンガン 54.9	26Fe 鉄 55.9	27Co コバルト 58.9	28Ni ニッケル 58.7	29Cu 銅 63.6	30Zn 亜鉛 65.4	31Ga ガリウム 69.7	32Ge ゲルマニウム 72.6	33As ヒ素 74.9	34Se セレン 79.0	35Br 臭素 79.9	36Kr クリプトン 83.8
5	37Rb ルビジウム 85.5	38Sr ストロンチウム 87.6	39Y イットリウム 88.9	40Zr ジルコニウム 91.2	41Nb ニオブ 92.9	42Mo モリブデン 96.0	43Tc テクネチウム (99)	44Ru ルテニウム 101.1	45Rh ロジウム 102.9	46Pd パラジウム 106.4	47Ag 銀 107.9	48Cd カドミウム 112.4	49In インジウム 114.8	50Sn スズ 118.7	51Sb アンチモン 121.8	52Te テルル 127.6	53I ヨウ素 126.9	54Xe キセノン 131.3
6	55Cs セシウム 132.9	56Ba バリウム 137.3	57～71 ランタノイド	72Hf ハフニウム 178.5	73Ta タンタル 180.9	74W タングステン 183.8	75Re レニウム 186.2	76Os オスミウム 190.2	77Ir イリジウム 192.2	78Pt 白金 195.1	79Au 金 197.0	80Hg 水銀 200.6	81Tl タリウム 204.4	82Pb 鉛 207.2	83Bi ビスマス 209.0	84Po ポロニウム (210)	85At アスタチン (210)	86Rn ラドン (222)
7	87Fr フランシウム (223)	88Ra ラジウム (226)	89～103 アクチノイド	104Rf ラザホージウム (267)	105Db ドブニウム (268)	106Sg シーボーギウム (271)	107Bh ボーリウム (272)	108Hs ハッシウム (277)	109Mt マイトネリウム (276)									

▼凡例

元素記号 → 元素名
1H → 水素
原子番号 → 1H
原子量 → 1.0

（注）色のついている元素は特に重要な元素を示す。

＋1 プラス 理解を深める！

日本における新元素「ニホニウム」の発見！

ニホニウム（Nh）は、2016年11月にその命名が確定した113番の新元素である。日本の理化学研究所 森田浩介博士らによる快挙で、元素名は「日本」に由来する。

Lesson09 物質量（モル）

**絶対覚える！
最重要ポイント**

① 原子量、分子量の求め方

② 原子、分子の物質量（モル）の求め方

物質量（モル）
の計算

モル（mol）を使った計算をマスターし、原子や分子の質量を求められるようにしよう！

1 原子量と分子量

　原子 1 個の質量は非常に微小で〔g〕で表すのはとても不便なため、原子の質量が関係した量を表すときには、原子量を使用する。原子量は、質量数の 12 の炭素原子 $_{6}^{12}C$ の質量を基準としたもので、これと比較した各原子の質量の比を表した数値をいう。原子量は質量の比であるから単位はない（無名数という）。

　分子は、2 以上の原子から構成される物質である。分子の中に含まれている元素の原子量の和を、その分子の分子量という。分子量にも単位はない。

　水素（H_2）や酸素（O_2）や水（H_2O）などの分子量は、水素（H）および酸素（O）の原子量から次の例のように計算される。

●主な元素の原子量

元素名	元素記号	原子量*
水素	H	1.0
炭素	C	12.0
窒素	N	14.0
酸素	O	16.0
塩素	Cl	35.5
アルミニウム	Al	27.0

＊「表 元素の周期表（抜粋）（p.106）」参照。

[分子量の計算の例]

●水素（H_2）…原子量 $1.0 \times 2 = 2.0$

●酸素（O_2）…原子量 $16.0 \times 2 = 32.0$

●水（H_2O）…原子量 $1.0 \times 2 + 16.0 = 18.0$

原子量は左の表から
水素（H）…原子量 1.0
酸素（O）…原子量 16.0
これをもとに計算するのね。

大気中では…
H₂   O₂

水素や酸素などの原子と分子の違いは何ですか？

水素（H）や酸素（O）は、大気中にあるときは、原子が2個結合した水素分子（H₂）、酸素分子（O₂）として存在しています。
分子は、物質の特性をもつ最小の単位粒子です。

覚える！　　重要ポイント

原子量と分子量

原子量…質量数12の炭素原子 $^{12}_{6}C$ の質量（＝原子量12）を基準として、他の元素の原子を質量の比で表した値（単位はない）。

分子量…分子の中に含まれる元素の原子量の和（単位はない）。

2 物質量（モル）

ある元素の原子量に単位〔g〕をつけると、その原子1molの質量になる。同様に、ある物質の分子量に単位〔g〕をつけると、その分子1molの質量になる。モル（mol）は物質量の単位である。

> 1molは、化学で使用される物質量の単位

［物質の1molの質量の例］

●炭素原子1molの質量は、炭素の原子量12.0に〔g〕をつけた12.0gである。

炭素原子 1mol　　12.0g

［炭素原子 1mol は 12.0g］

●水分子1molの質量は、水の分子量18.0に〔g〕をつけた18.0gである。

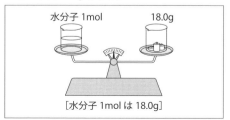

水分子 1mol　　18.0g

［水分子 1mol は 18.0g］

覚える！　**重要ポイント**

原子と分子の質量

原子量に単位〔g〕をつけると、その原子1mol当たりの質量になる。

分子量に単位〔g〕をつけると、その分子1mol当たりの質量になる。

+1
プラス
理解を
深める！

1molは個数の単位の1つ

　原子や分子を取り扱うとき、それらの数を1個ずつ数えていると膨大な数となるため、1molという単位を使用する。

　1molは、炭素原子12gに含まれる原子の数（6.02 × 10^{23}個）が基準となっている。これにより、原子や分子を取り扱うときは、同一の粒子（原子や分子）6.02 × 10^{23}個をひとまとまりとして1molといい、〔mol〕を単位として表す物質の量を物質量という。

> つまり、12個を1ダースというように、原子や分子は6.02 × 10^{23}個を1モル（mol）とまとめているんだね！

例題にチャレンジ！

例題1　酸素原子（O）1molの質量はいくらか。

［解法のヒント！］→ 酸素原子（O）の原子量に〔g〕をつける。

解答　16.0g

　Oの原子量は16.0、ゆえにO原子1molの質量は16.0gである。

例題2　アンモニア分子（NH_3）の1molの質量はいくらか。

［解法のヒント！］→ アンモニア分子（NH_3）の分子量に〔g〕をつける。

解答　17.0g

　NH_3の分子量は17.0、ゆえにNH_3分子1molの質量は17.0gである。

練習問題

問01 次の物質各 100g は、それぞれの原子または分子は何 mol か。

Al（アルミニウム）　　CH$_4$（メタン）

解答 Al 原子 **3.70**mol、CH$_4$ 分子 **6.25**mol　［原子量と分子量　→ p.107 ～ 108］

　　物質 1mol の質量は、原子量、分子量に単位〔g〕つけたものであるから、

$$Al 原子 \cdots \frac{100}{原子量27.0} ≒ 3.70mol$$

$$CH_4 分子 \cdots \frac{100}{分子量12.0 + 1.0 × 4} = \frac{100}{16.0} = 6.25mol$$

問02 物質量（モル）について、次のうち誤っているものはどれか。

1　1mol 当たりの質量は、原子量や分子量の値に〔g〕をつけたものである。

2　二酸化炭素（CO$_2$）44.0g は、CO$_2$ 分子 2mol の質量である。

3　窒素（N）の原子量は 14.0、したがって N 原子 1mol の質量は 14.0g である。

4　塩素（Cl）の原子量は 35.5、したがって Cl 原子 2mol の質量は 71.0g である。

5　水素の分子（H$_2$）1mol の質量は 2.0g である。

解答 2　　　　　　　　　　　　　　　　　　　　［物質量（モル）　→ p.108］

　　二酸化炭素（CO$_2$）44.0g は、CO$_2$ の分子 **1mol**（12.0 + 16.0 × 2 = 44.0g）の質量である。

　　ほかの 4 肢は正しい。**4** の塩素（Cl）の原子量が 35.5 となっているのは、「表元素の周期表（抜粋）（p.106）」参照。

Lesson10 化学の基本法則

絶対覚える！
最重要ポイント

基本法則を
押さえる

① アボガドロの法則（すべての気体は、同温同圧のとき
同体積中に同数の分子を含む）

② 質量保存の法則（化学変化の前後では総質量は不変）

化学の基本法則の中で特に重要な法則を理解しよう！

1 アボガドロの法則

　アボガドロの法則とは、「すべての気体は、同温同圧のとき同体積中に同数の分子を含む」という法則である。また、標準状態（0℃、1atm）*では、すべての気体1molは体積約22.4Lを占め、その中に 6.02×10^{23} 個（アボガドロ定数という）の気体分子を含む。

用語 標準状態　0℃、1atm（1気圧）の状態を標準状態という。

■アボガドロの法則

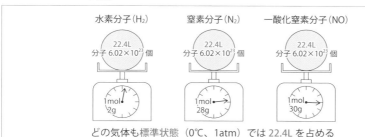

水素分子(H_2)	窒素分子(N_2)	一酸化窒素分子(NO)
22.4L 分子 6.02×10^{23} 個	22.4L 分子 6.02×10^{23} 個	22.4L 分子 6.02×10^{23} 個
1mol 2g	1mol 28g	1mol 30g

どの気体も標準状態（0℃、1atm）では22.4Lを占める

覚える！ **重要ポイント**

アボガドロの法則

すべての気体は、同温同圧のとき同体積中に同数の分子を含むという法則。
この法則に従い、標準状態（0℃、1atm）における1molの気体（6.02×10^{23}個の気体分子）の体積は、約22.4Lであることが判明している。

例題1 酸素（O_2）64.0gの体積は、0℃、1atmで何Lか。

［解法のヒント！］➡ まず酸素の分子量を求め、アボガドロの法則により酸素64.0gの体積〔L〕を求める。

解答 44.8L

　　酸素（O_2）の分子量は、$O_2 = 16.0 \times 2 = 32.0$。ゆえに酸素1molは32.0gであり、これは0℃、1atmにおいて22.4Lを占める。

　　したがって、64.0gの0℃，1atmにおける酸素の体積は、

$$22.4L \times \frac{64.0g}{32.0g} = 44.8L \text{ となる。}$$

2 質量保存の法則

　　化学反応が起こる前（原系）に含まれる物質の全質量と、化学反応が起こったあと（生成系）に含まれる物質の全質量は等しい。これを質量保存の法則という。

> 質量保存の法則は、すべての化学反応に対して当てはまる。

［質量保存の法則の具体例］

●炭素12.0gと酸素32.0gが反応して、二酸化炭素44.0gができる。

原系　　　　　　　　　　　　生成系

$C + O_2 \longrightarrow CO_2$ *

$12.0g + 32.0g = 44.0g$ ← 〔等しい〕 → $44.0g$

＊化学反応式については、Lesson11（p.114）参照。

●水素4.0gと酸素32.0gが反応して、水36.0gができる。

原系　　　　　　　　　　　　生成系

$2H_2 + O_2 \longrightarrow 2H_2O$

$4.0g + 32.0g = 36.0g$ ← 〔等しい〕 → $36.0g$
(2×2.0)　　　　　　　　　　(2×18.0)

■食塩と硝酸銀による「質量保存の法則」の実験

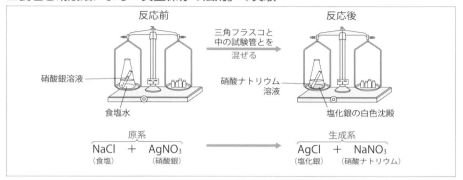

反応前　　　　　　　　　　　　　　　反応後

三角フラスコと
中の試験管とを
混ぜる

硝酸銀溶液

食塩水

硝酸ナトリウム
溶液

塩化銀の白色沈殿

原系			生成系	
NaCl	+	AgNO₃	AgCl	+	NaNO₃
（食塩）		（硝酸銀）	（塩化銀）		（硝酸ナトリウム）

原系　　　　　　　　　　　　　　　　生成系

$$NaCl + AgNO_3 \longrightarrow AgCl + NaNO_3$$

（食塩）　　　（硝酸銀）　　　　　　　（塩化銀）　　（硝酸ナトリウム）

 覚える！

重要ポイント

質量保存の法則

物質間に化学変化が起こる場合、その<u>化学変化の前後</u>における物質の<u>質量の</u><u>総和</u>は<u>等しい</u>。

> フランスの化学者であるラボアジェは、化学反応の定量的研究から質量保存の法則を確立しました。すなわち、化学反応で物質が消滅したり、何もないところから物質が生じたりすることはないことを示しています。

例題にチャレンジ！

例題1　メタン16.0gを燃焼させたところ、44.0gの二酸化炭素と36.0gの水ができた。このとき、反応した酸素は何gであったか。

［解法のヒント！］➡ 求める酸素をX〔g〕とし、質量保存の法則により反応前と反応後の式をつくる。

解答　64.0g

求める酸素をX〔g〕とすると、$16.0g + X〔g〕= 80.0g（44.0g + 36.0g）$

反応前（原系）　　　　　　　　　反応後（生成系）

∴$X = 80.0 - 16.0 = 64.0g$

このときの化学反応式は、$CH_4 + 2O_2 \longrightarrow CO_2 + 2H_2O$

（メタン）　（酸素）　　（二酸化炭素）　（水）

Lesson11 化学反応式

絶対覚える！最重要ポイント

①化学反応式の作成（係数の定め方）
②化学反応式が表す物質の量的関係

化学反応式の作成と計算

化学反応式の作成と、化学反応式を使った計算問題を解けるようにしよう！

1 化学反応式とは

化学式*（分子式*、示性式*など）を使って化学反応を書き表したものが化学反応式である。

用語 化学式　化学物質の元素記号を組み合せて示す式。

分子式　分子を構成している原子の数を、それぞれの元素記号の右下につけて表した式（原子数が1の場合は、1を省略）。

示性式　分子式の中から、特有の化学的性質をもつ官能基（p.140～141参照）を抜き出して表した化学式（カルボキシ基－COOHなど）。

［化学反応式の例］

■亜鉛と希硫酸の化学反応による水素ガスの発生

●エタンが燃焼して二酸化炭素と水ができる。

$$2\,C_2H_6 + 7\,O_2 \longrightarrow 4\,CO_2 + 6\,H_2O$$
（エタン）　（酸素）　　（二酸化炭素）　（水）

希硫酸

水素

亜鉛

●金属亜鉛に希硫酸を入れると、金属の表面から水素ガスが発生する。

$$Zn + H_2SO_4 \longrightarrow ZnSO_4 + H_2 \uparrow *$$
（亜鉛）　（希硫酸）　　（硫酸亜鉛）　（水素）

*この化学反応式の上向きの矢印は、気体として発生することを表したいときに書くが、必ずしも書く必要はない。

2 化学反応式の作成（書き方のルール）

化学反応式の書き方には、次の3つのルールがある。

①反応する物質の化学式を式の左辺に書き、生成する物質の化学式を式の右辺に書いて、両辺を矢印（—→）で結ぶ。

②左辺と右辺とで、それぞれの原子数が等しくなるように化学式の前に係数をつける。係数は最も簡単な整数比になるようにし、係数が1になるときは省略する。

③触媒のように反応の前後で変化しない物質は、化学反応式の中には書かない。

[化学反応式の書き方の例]

● $2\,CH_3OH + 3\,O_2 \longrightarrow 2\,CO_2 + 4\,H_2O$
　（メタノール）　（酸素）　　　（二酸化炭素）　（水）

　　左辺（原系）　　右辺（生成系）

	左辺（原系）	＝	右辺（生成系）
C	2	＝	2
H	8	＝	8
O	8	＝	8

　化学反応式の係数の定め方については、このように左辺と右辺の各原子の数を一致させる方法（目算法という）が最も効果的である。

覚える!　　**重要ポイント**

係数の定め方

化学反応式の係数は、左辺と右辺の各原子の数を一致させる（目算法）。

例題にチャレンジ!

例題1　炭素（C）が不完全燃焼して一酸化炭素（CO）になる反応で、正しい化学反応式を完成しなさい（目算法）。

　　$C + O_2 \longrightarrow CO$
　　（炭素）（酸素）　（一酸化炭素）

[解法のヒント!] ➡ 矢印の左右の各原子の数を一致させる。

解答　$2\,C + O_2 \longrightarrow 2\,CO$

　この式は、矢印の左右の酸素原子（O）の数が一致しないため誤りである。そこで、

$$C + \frac{1}{2}\,O_2 \longrightarrow CO$$

とすれば、矢印の左右の各原子の数が一致し、正しい化学反応式となる。

　しかし、化学反応式の前の係数は整数とするのが普通であるから、全体を2倍して次のように書くのがよい（係数が1のときは、係数を省略する）。

　　$2\,C + O_2 \longrightarrow 2\,CO$

11

化学反応式

3 化学反応式が表す物質の量的関係

化学反応式をみると、反応に必要な物質の量や反応後の物質の量など、反応の前後の物質の量的関係がわかる。例えば、窒素と水素からアンモニアが生じる反応を例にとると次表のようになる。

●化学反応式が表す物質の量的関係の例（アンモニアの合成）

化学反応式	N_2	$+$	$3H_2$	$\longrightarrow$	$2NH_3$
①分子の数	1分子		3分子		2分子
②物質量	1mol		3mol		2mol
③質量	$1 \times (14.0 \times 2)$ $= 28.0g$		$3 \times (1.0 \times 2)$ $= 6.0g$		$2 \times (14.0 + 1.0$ $\times 3) = 34.0g$
④体積	$1 \times 22.4L$		$3 \times 22.4L$		$2 \times 22.4L$

■アンモニアの合成の実態模型

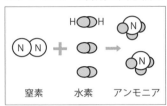

窒素　　　水素　　アンモニア

➡①係数は、分子の数の比を表す。

②係数は、物質量〔mol〕の比を表す。

③質量は、物質1mol当たりの質量（分子量に〔g〕をつけたもの）に〔mol〕数を掛け算した質量を表し、左辺と右辺は質量保存の法則を示す。

④体積は、「気体1mol当たりの体積は、標準状態（0℃、1atm）ではすべて22.4L」より、窒素1mol、22.4Lと、水素3mol、67.2Lでアンモニア2mol、44.8Lが生成することを表す。

 練 習 問 題

問01 メタノールが完全燃焼したときの化学反応式として、次のうち正しいものはどれか。

1　$CH_3OH + O_2 \longrightarrow CO_2 + H_2O$

2　$CH_3OH + 2O_2 \longrightarrow 2CO_2 + H_2O$

3　$CH_3OH + 3O_2 \longrightarrow 2CO_2 + 3H_2O$

4　$2CH_3OH + 3O_2 \longrightarrow 2CO_2 + 4H_2O$

5　$3CH_3OH + O_2 \longrightarrow CO_2 + 6H_2O$

解答　4　　　　　　　　　　　　　　　［化学反応式の作成　→ p.114 ～ 115］

左辺（原系）と右辺（生成系）で各原子の数が一致しているかどうか、C、H、Oの順に数える方法（目算法）が効果的である。1つの元素でも左辺と右辺の原子の数が不一致であれば誤り。したがって、ほかの4肢は誤り。

Lesson12 熱化学方程式

1 反応熱

　化学反応に伴って発生または吸収する熱（熱量）を反応熱という。その際、熱を発生する反応を発熱反応（熱を放出）といい、熱を吸収する反応を吸熱反応（熱を取り込む）という。反応熱とはこのときに出入りする熱量のことで、反応の中心となる物質1mol当たりの熱量で表す（単位は〔kJ/mol〕、kJは「キロジュール」と読む）。

　反応熱のうち、燃焼反応で発生する反応熱を特に燃焼熱という。燃焼熱は、1molの物質が完全燃焼するとき発生する熱量で表す。

　反応熱には、燃焼熱のほかに生成熱（化合物1molが単体から生成するときの反応熱）や中和熱（酸と塩基の中和で1molの水が生成するときの反応熱）などがある。

■発熱反応と吸熱反応

2 熱化学方程式

　化学反応式に反応熱を記入し、両辺を矢印（──→）の代わりに等号（＝）で結んだ式を熱化学方程式という。熱化学方程式は、次のことに注意して作成する。

①発熱反応を＋、吸熱反応を－で表す。

②係数は物質量〔mol〕を示すが、原則として主体となる物質の係数が1molになるようにする。したがって、他の物質の係数が分数になる場合がある。

③物質の状態が違うと反応熱の値も違ってくるので、原則として化学式には、物質の状態を（気）、（液）、（固）*のように付記する。

　＊（気）は気体、（液）は液体、（固）は固体を示し、(g)、(l)、(s) とも書く。gはgas、lはliquid、sはsolidの略。

④反応熱の大きさは、反応前後の圧力や温度によって異なるが、普通は反応前後の圧力が1atmで25℃の場合の値で表す。

［熱化学方程式の例］

●炭素（黒鉛*）1molが、酸素中で完全燃焼する。　　＊グラファイトのこと。

　C（固）＋O_2（気）＝CO_2（気）＋394kJ（発熱反応）

●炭素（コークス*）を加熱しながら水蒸気を反応させる。　　＊無定形炭素の1つ。

　C（固）＋H_2O（気）＝H_2（気）＋CO（気）－131kJ（吸熱反応）

■化学反応式と熱化学方程式の違い

●化学反応式：　$\underline{2}\,H_2$　　＋　　$\underline{1}^*O_2$　　$\longrightarrow$　　$2\,H_2O$

　　　　　　　係数は物質量〔mol〕の比　　　矢印　　　＊1は実際には書かない。

●熱化学方程式：　$\underline{H_2（気）}$　　＋　　$\dfrac{1}{2}O_2$（気）　　＝　　H_2O（液）　　＋　　$\underline{286kJ}$　＊＊

　　　水素1molを　物質の状態　反応した物質量を示す　等号　　発熱反応を示す　反応熱
　　　示す　　　を示す　　（この場合係数が分数となる）　　　　（吸熱反応は－）

　＊＊水素1molが燃焼すると、286kJ発熱する。水素n〔mol〕が燃焼すると、286×n〔kJ〕発熱する。

3 ヘスの法則

　「反応がいくつかの経路で起こるとき、それぞれの経路における反応熱の総和は、途中の経路には関係なく、反応の最初と最後の状態が同じであれば一定の値を示す」。これをヘスの法則または総熱量不変の法則という。

■ヘスの法則の例（熱化学方程式による）

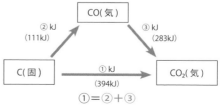

①＝②＋③

図のように、炭素（C）の燃焼を例にとると、

①炭素（C）が完全燃焼して二酸化炭素になる。反応熱は394kJ。

$$C（固）+O_2（気）=CO_2（気）+394kJ$$

②炭素（C）が不完全燃焼して一酸化炭素になる。反応熱は111kJ。

$$C（固）+\frac{1}{2}O_2（気）=CO（気）+111kJ$$

③一酸化炭素（CO）が完全燃焼して二酸化炭素になる。反応熱は283kJ。

$$CO（気）+\frac{1}{2}O_2（気）=CO_2（気）+283kJ$$

①の394kJは、②の111kJと③の283kJの和になっている。

②＋③＝①が成り立つことを熱化学方程式で確かめてみると、

$$②C（固）+\frac{1}{2}O_2（気）=\cancel{CO（気）}+111kJ$$

$$+ \left| ③\cancel{CO（気）}+\frac{1}{2}O_2（気）=CO_2（気）+283kJ \right.$$

$$\overline{①C（固）+O_2（気）=CO_2（気）+394kJ}$$

以上より、①の場合、また②＋③の場合、いずれの経路をとっても、1molの炭素（C）から1molの二酸化炭素（CO_2）を生じるときに発生する総熱量は一定となる。

このように、「ある反応の反応熱（総熱量）は、その反応の途中経路とは関係なく一定」である。これがヘスの法則であり、熱化学の基本法則である。

ヘスの法則を応用すると、実測できない反応熱でも計算で求めることができる。前述の熱化学方程式①、②、③のうち、②の反応熱を測定しようとしても実測は困難である。したがって、①と③の熱化学方程式から②の反応熱を求める。

覚える！　重要ポイント

ヘスの法則

反応熱は、反応物質と生成物質が同じであれば、反応の途中の経路によらず一定である。これをヘスの法則または総熱量不変の法則という。

例題にチャレンジ！

例題1 前述の本文説明（p.119）の炭素（C）の燃焼で、①と③の熱化学方程式から②の反応熱を求めよ。

[解法のヒント！] ➡ ヘスの法則を用いて未知の反応熱を計算で求める。

解答 111kJ

熱化学方程式を数学の方程式のように扱って、①から③をひくと、

① $C（固）＋O_2（気）＝CO_2（気）＋394kJ$

③ $CO（気）＋\dfrac{1}{2}O_2（気）＝CO_2（気）＋283kJ$

①－③ $C（固）＋O_2（気）－CO（気）－\dfrac{1}{2}O_2（気）＝（394－283）kJ$

移項して整理すると、

$C（固）＋\dfrac{1}{2}O_2（気）＝CO（気）＋111kJ$

すなわち、②の反応熱（炭素が不完全燃焼して一酸化炭素を生じるときの反応熱）は111kJである。

練 習 問 題

問01 次の反応を、熱化学方程式で表しなさい。

「0.01molの水素が燃焼して液体の水になるとき、2.86kJの熱量を放出する。」

解答 $H_2（気）＋\dfrac{1}{2}O_2（気）＝H_2O（液）＋286kJ$ [熱化学方程式 → p.117～118]

熱化学方程式は、主体となる物質の係数が1molとなるようにする。

そこで、まず反応熱を水素（H_2）1mol当たりの熱量に直すと（0.01mol当たり）2.86kJ →（1mol当たり）286kJとなり、この反応の熱化学方程式は、

$H_2（気）＋\dfrac{1}{2}O_2（気）＝H_2O（液）＋286kJ$ となる。

OIL Lesson13 溶液の濃度（モル濃度）

絶対覚える！最重要ポイント

モル濃度の計算

① 溶液＝溶媒＋溶質

② モル濃度〔mol/L〕 $= \dfrac{溶質の物質量〔mol〕}{溶液の体積〔L〕}$

モル濃度に関する計算をマスターしよう！

1 溶液

　塩化ナトリウム（食塩）は水に溶ける。この場合、水のように物質を溶かす働きをする液体を溶媒といい、塩化ナトリウム（食塩）のように溶ける物質を溶質という。溶媒に溶質の溶けたものを溶液という。溶媒が水ならば水溶液と呼ぶ。単に溶液といえば水溶液をさすことが多い。

溶液＝溶媒＋溶質

■食塩の溶液（食塩水）

食塩水　　水　　食塩

2 溶液の濃度（モル濃度）

　溶液の中に溶質がどれだけ溶けているかを表す値を濃度という。溶液中に溶けている物質の濃度の表し方には、質量パーセント濃度やモル濃度などいろいろある。

化学では一般にモル濃度を用いる。

　モル濃度は、溶液（溶媒ではない）1L中に溶けている溶質の物質量〔mol〕で表す。単位は〔mol/L〕である。

モル濃度〔mol/L〕 $= \dfrac{溶質の物質量〔mol〕}{溶液の体積〔L〕}$

溶液1L中に物質量 n 〔mol〕の溶質があるとき、モル濃度は n 〔mol/L〕で表す。

[モル濃度のつくり方]

●1mol/Lの食塩水を1Lつくる場合、塩化ナトリウム1molを全体の体積が1Lになるように水で溶かしていく（次図を参照）。

■モル濃度のつくり方

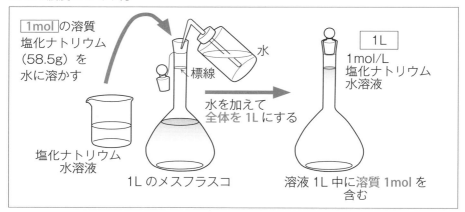

1mol の溶質
塩化ナトリウム
（58.5g）を
水に溶かす

水

1L

標線

1mol/L
塩化ナトリウム
水溶液

塩化ナトリウム
水溶液

水を加えて
全体を 1L にする

1L のメスフラスコ

溶液 1L 中に溶質 1mol を
含む

水（溶媒）を1L加えるのではなくて、溶液全体の体積が1Lになるようにつくるんだね！

溶液は、溶媒（水）と、溶質（塩化ナトリウム）をたしたものということがわかるわね。

[水酸化ナトリウム溶液の例]

●水酸化ナトリウム溶液1L中に水酸化ナトリウムが40.0g（NaOH ＝ 40.0）すなわち1mol溶けているとき、この溶液の濃度は水酸化ナトリウム溶液1mol/Lである（Naの原子量は23.0）。

覚える！　重要ポイント

モル濃度

$$モル濃度〔mol/L〕 = \frac{溶質の物質量〔mol〕}{溶液の体積〔L〕}$$

例題にチャレンジ！

例題1　水酸化ナトリウム（NaOH）150.0gを水に溶かして1Lの溶液とした。
この水酸化ナトリウム水溶液のモル濃度はいくらか。

[解法のヒント！] ➡ 水酸化ナトリウムの1molの質量からモル濃度を求める。

解答　3.75mol/L

　水酸化ナトリウム（NaOH）の1molの質量は、40.0g（Na（23.0）＋O（16.0）
＋H（1.0））である。

　したがって、150.0gのNaOHは、

$$\frac{150.0}{40.0} = 3.75mol$$

　これが1Lの溶液中に含まれているから、モル濃度は3.75mol/Lとなる。

 練 習 問 題

問01　0.4mol/L の硫酸水溶液 300mL には何 mol の硫酸が溶けているか。

解答　0.12mol　　　　　　　　　　　　　　[溶液の濃度（モル濃度）　→ p.121]

　モル濃度に溶液の体積（300mL ＝ 0.3L、〔mL〕を〔L〕に直す）を掛け合わせ
ると、溶質の物質量となる。

　したがって、0.4 × 0.3 ＝ 0.12mol

Lesson14 酸と塩基

絶対覚える！最重要ポイント

酸・塩基の
性質と中和

① 酸、塩基とは

② 酸と塩基の性質（リトマス紙の色、電離で生じるイオン）

③ 中和（中和反応）の定義と具体例

1 酸と塩基の性質

酸性を示す物質を酸（塩化水素や硝酸などの水溶液）といい、アルカリ性を示す物質を塩基（水酸化ナトリウムや水酸化カリウムなどの水溶液）という。

[酸の性質]

● 青色のリトマス試験紙*を赤色に変える。

● 金属と反応すると水素（H_2）を発生する。

　[例] 塩酸と亜鉛：

　　　$2HCl + Zn \longrightarrow \underline{H_2} + ZnCl_2$

● 水中で電離*すると水素イオン（H^+）を生じる。[例] 塩酸：$HCl \longrightarrow \underline{H}^+ + Cl^-$

[塩基の性質]

● 赤色のリトマス試験紙を青色に変える。

● 水中で電離すると水酸化物イオン（OH^-）を生じる。

　[例] 水酸化ナトリウム：

　　　$NaOH \longrightarrow Na^+ + \underline{OH}^-$

用語 リトマス試験紙（リトマス紙）　リトマス溶液をろ紙にしみ込ませて乾燥した試験紙。溶液の酸性、アルカリ性を検出するのに用いられる。青色と赤色の2種類があり、赤色のリトマス試験紙を溶液に浸して青色になればその溶液はアルカリ性、青色のものを浸して赤色になれば酸性である。

　　　電離　水に溶けると陽イオンと陰イオンになること。

イオンとは何ですか？

イオンは電気を帯びた原子または原子団のことです。物質が水溶液中で電離すると、（＋）の電気を帯びた陽イオンと（－）の電気を帯びた陰イオンに分かれます。

重要ポイント

酸と塩基の性質

	水溶液の性質	リトマス試験紙の色	電離で生じるイオン
酸	酸性	青→赤	水素イオン（H^+）
塩基	アルカリ性	赤→青	水酸化物イオン（OH^-）

2 中和

　一般に、酸（H^+）と塩基（OH^-）が反応して、塩*と水（H_2O）が生じることを中和（または中和反応）という。

用語 塩　一般に、中和の際に水と同時に生じる物質をいう。

[中和反応の例]

●塩酸と水酸化ナトリウム溶液の中和

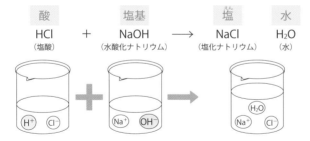

酸		塩基		塩	水
HCl	＋	NaOH	⟶	NaCl	H₂O
（塩酸）		（水酸化ナトリウム）		（塩化ナトリウム）	（水）

 重要ポイント

中和

酸（H^+）と塩基（OH^-）が反応して塩と水が生じること。

練 習 問 題

問01 次の酸と塩基を中和させたときの化学反応式を書け。

1　硫酸（H_2SO_4）と水酸化バリウム（$Ba(OH)_2$）の溶液

2　酢酸（CH_3COOH）と水酸化ナトリウム（$NaOH$）の溶液

解答　　　　　　　　　　　　　　　　　　　　　　[中和　→ p.125]

1　H_2SO_4 ＋ $Ba(OH)_2$ ⟶ $BaSO_4$ ＋ $2H_2O$
　　（硫酸）　　（水酸化バリウム）　　（硫酸バリウム）　　（水）

2　CH_3COOH ＋ $NaOH$ ⟶ CH_3COONa ＋ H_2O
　　（酢酸）　　（水酸化ナトリウム）　　（酢酸ナトリウム）　　（水）

水酸化バリウム（$Ba(OH)_2$）および水酸化ナトリウム（$NaOH$）は**固体**で、**水に溶ける**。

問02 酸と塩基の説明について、次のうち誤っているものはどれか。

1　酸は青色のリトマス紙を赤色に、塩基は赤色のリトマス紙を青色に変える。

2　酸は、水中で電離すると水素イオン（H^+）を生じる物質、または、ほかの物質に水素イオン（H^+）を与えることができる物質である。

3　中和とは、酸と塩基が反応し、塩と水を生じることである。

4　酸、塩基の強弱は、水素イオン指数（pH）で表される。

5　すべての酸は、分子中に酸素をもっている。

解答　5　　　　　　　　[酸と塩基の性質、中和、水素イオン指数（pH）
　　　　　　　　　　　　　　　　　　　　　→ p.124 ～ 125、127 ～ 128]

すべての酸は、分子中に**水素（H）**をもっている。硝酸（HNO_3）や硫酸（H_2SO_4）など多くの酸は分子中に酸素（O）をもつが、塩酸（HCl）は分子中に酸素（O）をもたない。すべての酸が分子中に酸素をもっているわけではない。

4 の水素イオン指数（pH）については、Lesson15（p.127 ～ 128）参照。

OIL
Lesson15 水素イオン指数（pH）

絶対覚える！
最重要ポイント

pH が示すもの

① 水素イオン指数 pH は、水素イオン濃度を表す数値
② 水素イオン指数 pH と水素イオン濃度 [H⁺]、酸性・アルカリ性の強弱の関係

1 水素イオン指数 pH とは

　水溶液の酸性またはアルカリ性の強弱は、水素イオン濃度 [H⁺]*の大きさで表すことができる。その数値はきわめて小さいので、これを取り扱いやすくするために、10^{-1} を1、10^{-7} を7のように表す。このような表記のしかたを水素イオン指数pH（「ピーエイチ」と読む）という。

　すなわち、$[H^+] = 10^{-n}$〔mol/L〕ならば pH $= n$ である。pHには単位はない。pHは、pH $= -\log[H^+]$ の式で表される。

＊[H⁺] は水素イオン濃度を表す記号。

2 水素イオン指数 pH が示す酸性・アルカリ性

　水溶液の水素イオン指数は、pH $= 7$ で中性を示す。pHが7より大きく14に近づくほど強いアルカリ性を示し、またpHが7より小さく0に近づくほど強い酸性を示す。

酸性　pH < 7	中性　pH $= 7$	アルカリ性　pH > 7

※pHそのものには単位はない

　中性は、水溶液中の水素イオン（H⁺）と水酸化物イオン（OH⁻）の量が等しい状態である。H⁺が多いとpH < 7 となり酸性が強くなり、OH⁻が多いとpH > 7 となりアルカリ性が強くなる。次図は、水素イオン指数pHと水素イオン濃度 [H⁺] および水酸化物イオン濃度 [OH⁻] と酸性・アルカリ性の強弱の関係を示している。

■pHと［H⁺］および［OH⁻］と酸性・アルカリ性の強弱

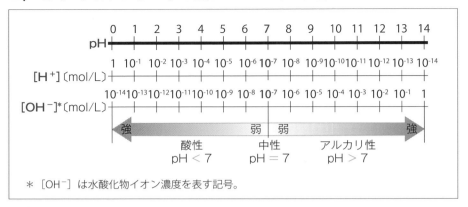

＊ ［OH⁻］は水酸化物イオン濃度を表す記号。

■身近なもののpHの例

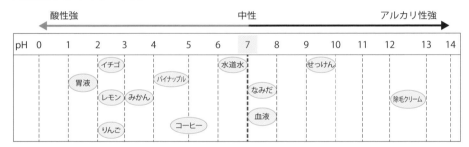

純水の水素イオン指数は、
25℃のとき7で中性です。

酸性が強いものには
酸味（すっぱさ）がある
ものがみられますね！

 覚える！ **重要ポイント**

水素イオン指数（pH）が示す酸性・アルカリ性

酸性 pH＜7　中性 pH＝7　アルカリ性 pH＞7

水溶液中の水素イオン（H⁺）が多いと酸性に、水酸化物イオン（OH⁻）が多いとアルカリ性になる。

練 習 問 題

問01　pH（水素イオン指数）について、次のうち誤っているものはどれか。

1　pH は水溶液の酸性、アルカリ性の強弱を表している。

2　pH そのものには単位はない。

3　中性の水の pH は 7 である。

4　酸性の溶液では pH ＞ 7、アルカリ性の溶液では pH ＜ 7 である。

5　pH は 0 ～ 14 まである。

解答　4　　　［水素イオン指数 pH が示す酸性・アルカリ性　→ p.127 ～ 128］

　4 は、**不等号が逆**になっている。正しくは、pH（水素イオン指数）は、酸性の溶液では pH ＜ 7、アルカリ性の溶液では pH ＞ 7 である。

　正しい 2 については、水素イオン濃度 $[H^+] = 10^{-n}$ 〔mol/L〕であるが、n の数値を pH としたので、pH そのものには**単位はない**。ほかの 1、3、5 もそのとおりで正しい。

問02　酸性を示し、かつ中性に最も近い pH 値として、次のうち正しいものはどれか。

1　pH1　　　　2　pH5　　　　3　pH6　　　　4　pH8　　　　5　pH10

解答　3　　　［水素イオン指数 pH が示す酸性・アルカリ性　→ p.127 ～ 128］

　酸性を示すのは 1、2、3 であり、このうち中性に最も近いのは **pH6** の 3 である。4、5 はアルカリ性である。

Lesson16 酸化と還元

絶対覚える！
最重要ポイント

酸化と還元の
しくみ

① 酸化と還元は同時に起こる

② 酸化と還元の 3 つの定義

③ 酸化剤と還元剤の働き

1 酸化と還元の同時性

酸化と還元は 1 つの反応で同時に起こる。1 つの反応は、部分的に見れば酸化反応あるいは還元反応であるが、全体としては酸化還元反応である。

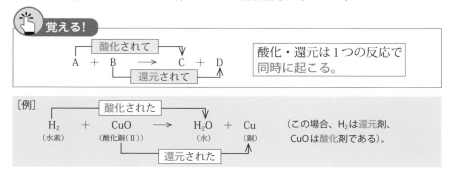

覚える！

酸化されて

$A + B \longrightarrow C + D$

還元されて

酸化・還元は 1 つの反応で同時に起こる。

[例]

酸化された

H_2 ＋ CuO ⟶ H_2O ＋ Cu
（水素）　（酸化銅(Ⅱ)）　　（水）　（銅）

（この場合、H_2 は還元剤、CuO は酸化剤である）。

還元された

このように、水素が酸化されて水になり、酸化銅(Ⅱ)が還元されて銅になる反応は同時に起こる。この場合、H_2（水素）は還元剤、CuO（酸化銅(Ⅱ)）は酸化剤としてはたらく。

2 酸化と還元の 3 つの定義

① 酸素のやりとりによる酸化と還元

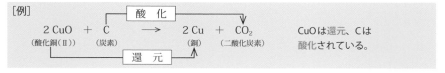

[例]

酸化

$2\,CuO$ ＋ C ⟶ $2\,Cu$ ＋ CO_2
（酸化銅(Ⅱ)）　（炭素）　　（銅）　（二酸化炭素）

還元

CuO は還元、C は酸化されている。

このように、酸化とは物質が「酸素と化合した」ことであり、還元とは物質が「酸素を失った」ことである。

②水素のやりとりによる酸化と還元

[例]

$$H_2S \ + \ Cl_2 \ \longrightarrow \ 2\,HCl \ + \ S$$
（硫化水素）　（塩素）　　　（塩化水素）　（硫黄）

H_2S は水素を失い（酸化）Sに変化、Cl_2は水素と化合して（還元）HClに変化。

このように、物質が「水素を失う変化」を酸化といい、物質が「水素と化合する変化」を還元という。

③電子のやりとりによる酸化と還元

例えば、Cu と O_2 の反応では、$2\,Cu \ + \ O_2 \ \longrightarrow \ 2\,CuO$
　　　　　　　　　　　　　　　（銅）　　（酸素）　　　（酸化銅（Ⅱ））

この反応で、電子を e^- で表すと、

$$2\,Cu \ \longrightarrow \ 2\,Cu^{2+} + 4\,e^-$$
$$\underline{O_2 \ + \ 4e^- \longrightarrow \ 2\,O^{2-}}$$
$$2\,Cu + \ O_2 \ \longrightarrow \ 2\,CuO\,(= 2\,Cu^{2+}O^{2-})$$

$2\,Cu$ は電子4個を失い（酸化）、O_2 は電子4個を得て（還元）いる。

つまり、酸化とは「電子を失った」ことであり、還元とは「電子を得た」ことである。

 覚える！　**重要ポイント**

酸化・還元の3つの定義

	酸素	水素	電子
酸化	酸素と化合	水素を失う	電子を失う
還元	酸素を失う	水素と化合	電子を受け取る

③ 酸化剤と還元剤

他の物質を酸化することのできる物質を酸化剤といい、他の物質を還元することのできる物質を還元剤という。

酸化剤は、相手の物質を酸化すると同時に自身は還元され、還元剤は、相手の物質を還元すると同時に自身は酸化される。

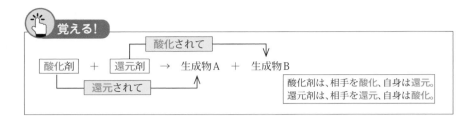

●酸化剤と還元剤の物質の例

	物質
酸化剤	酸化銅（Ⅱ）（CuO）、オゾン（O₃）、過酸化水素（H₂O₂）*、過マンガン酸カリウム（KMnO₄）、塩素（Cl₂）、酸素（O₂）、硝酸（HNO₃）、
還元剤	炭素（C）、銅（Cu）、ナトリウム（Na）、シュウ酸（H₂C₂O₄）、水素（H₂）、硫化水素（H₂S）、二酸化硫黄（SO₂）**

* 過酸化水素（H_2O_2）は普通は酸化剤であるが、過マンガン酸カリウム（$KMnO_4$）のような強い酸化剤と反応するときには還元剤としてはたらく。

** 二酸化硫黄（SO_2）は普通は還元剤であるが、硫化水素（H_2S）と反応するときには酸化剤としてはたらく。

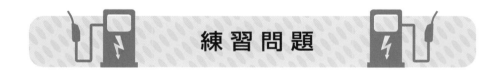

練 習 問 題

問01 酸化と還元に関する説明として、次のうち誤っているものはどれか。

1 物質が酸素と化合する反応を酸化、物質が酸素を失う反応を還元という。

2 水素が関与する反応では、物質が水素を失う反応を酸化、逆に、物質が水素と結びつく反応を還元という。

3 酸化とは物質が電子を失う変化、還元とは物質が電子を受け取る変化である。

4 酸化剤とは還元されやすい物質、還元剤とは酸化されやすい物質である。

5 酸化と還元は1つの反応で同時に起こることはない。

解答 5［酸化と還元の同時性、3つの定義、酸化剤と還元剤 → p.130〜132］

酸化と還元は1つの反応で同時に起こる。ほかの4肢はそのとおりで正しい。

OIL

Lesson17 金属の性質

絶対覚える！ 最重要ポイント	①金属の特性と非金属との比較
	②炎色反応
イオン化傾向と 腐食	③金属のイオン化傾向とイオン化列
	④金属の腐食の仕組みと進みやすい環境

1 金属の特性

●金属の主な性質

①金属光沢がある。
②融点が高い。
③常温で固体である（ただし、水銀は液体）。
④一般に、塩酸、硝酸、硫酸などに溶ける。
⑤比重*が大きいものがほとんどである（ただし、リチウム、
　ナトリウム、カリウムは例外で、比重は＜1）。
　＊比重が4より大きい（＞4）金属を重金属といい、
　　比重が4以下（≦4）の金属を軽金属という。
⑥熱や電気を通しやすい良導体である。
⑦展性*、延性**がある。
　＊薄い箔になる性質。
　＊＊細長く延ばして針金状にできる性質。

［金属の展性・延性の例］

●展性

●延性

　これに対し、非金属（金属としての性質を示さないもの、炭素、リン、硫黄など）は、一般に、光を反射しないものや低温度で気体のものが多い、また、比重が小さいものが多い、熱や電気の不良導体である（炭素は例外）、固体のものはもろいなどの性質がある。

金属の比重や燃焼

理解を
深める！

　金属の性質には次のようなものもある。
●比重が1より小さい金属は水に浮く（リチウム、ナトリウム、カリウム）。
●金属はすべて不燃性ではない。粉末にした金属は空気との接触面積が広くなることから、燃焼しやすくなる金属がある。

2 炎色反応

主としてアルカリ金属*やアルカリ土類金属*およびそれらの化合物を、白金線の先につけて（ニクロム線でもよい）バーナーの炎の中で強熱すると、炎にそれぞれの元素固有の色がつく。これを炎色反応といい、これらの元素の確認に利用される。夏の夜空を彩る花火の色は、これらの金属の炎色反応を利用したものである。

■炎色反応の実際の例

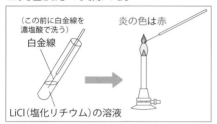

（この前に白金線を濃塩酸で洗う）
白金線
炎の色は赤
LiCl（塩化リチウム）の溶液

用語 アルカリ金属　周期表の1族元素のうち、水素を除く6元素。リチウム（Li）、ナトリウム（Na）、カリウム（K）、ルビジウム（Rb）、セシウム（Cs）、フランシウム（Fr）。
アルカリ土類金属　周期表の2族の元素。ベリリウム（Be）、マグネシウム（Mg）、カルシウム（Ca）、ストロンチウム（Sr）、バリウム（Ba）、ラジウム（Ra）。

●炎色反応の色

Li	Na	K	Rb	Cs	Ca	Sr	Ba	Cu*
赤	黄	淡紫	赤紫	青紫	橙赤	深赤	緑	青緑

＊Cu（銅）は、アルカリ金属やアルカリ土類金属ではないが、炎色反応を示す。

［身近にみる炎色反応の例］

●ガスレンジ上のなべの中のみそ汁が吹きこぼれたときに、ガスの炎が黄色くなる現象。これはみそ汁の中の塩分のNa（ナトリウム）の炎色反応である。

3 金属のイオン化傾向

硫酸銅（Ⅱ）の水溶液に鉄（Fe）を入れると、鉄が陽イオンとなって溶液中に溶け込み、銅（Cu）が析出する。

$$Cu^{2+} + Fe \longrightarrow Cu + Fe^{2+}$$

これは、鉄の原子Feが電子2個を放出してFe^{2+}となり、その電子をCu^{2+}が受け取って正電荷を失いCuとなった状態である。すなわち、鉄のほうが銅よりもイオンになりやすいことを示し、これを「鉄は銅よりイオン化傾向が大きい」という。

■硫酸銅（Ⅱ）水溶液に鉄片を入れた実験

鉄片
銅析出
硫酸銅（Ⅱ）水溶液
（硫酸銅溶液の青色が薄くなる）

このように、金属は電解質の水溶液に溶けだすと陽イオンになる。このイオンのなりやすさを**イオン化傾向**という。主な金属をイオン化傾向の大小の順に並べると、次図のようになる。これを**金属のイオン化列***といい、一般に、イオン化傾向の大きな金属ほど反応性が強い。*このイオン化列の順序はかならず覚えること。

覚える！ ■金属のイオン化列

リチウム	カリウム	カルシウム	ナトリウム	マグネシウム	アルミニウム	亜鉛	鉄	ニッケル	スズ	鉛	水素	銅	水銀	銀	白金	金

$$Li > K > Ca > Na > Mg > Al > Zn > Fe > Ni > Sn > Pb > (H_2)^* > Cu > Hg > Ag > Pt > Au$$

大 ◄━━━━━━━━ イオン化傾向 ━━━━━━━━► 小

*水素（H_2）は金属ではないが、金属と同様に水溶液中で陽イオンになるので、比較のためにイオン化列の中に加えている。そのため〔　〕にしてある。

［イオン化傾向の違いによって析出する金属の他の例］

- 酢酸鉛（Ⅱ）（$Pb(CH_3COO)_2$）の水溶液中に亜鉛（Zn）をつるしておくと、鉛（Pb）の結晶が析出する（イオン化傾向 Zn > Pb）。
- 硝酸銀（$AgNO_3$）の水溶液中に銅（Cu）をつるしておくと、銀（Ag）の結晶が析出する（イオン化傾向 Cu > Ag）。

語呂合わせで覚えよう	金属のイオン化列

探検先はアフリ　　　カ　　か　　　な？
　　　　　（リチウム）（カリウム）（カルシウム）（ナトリウム）

ま　　　　あ、　　　あ　て　に　　せず
（マグネシウム）（アルミニウム）（亜鉛）（鉄）（ニッケル）（スズ）

クエ　ス　トには
　（鉛）（水素）（銅）

ステ　キな　は　きものを！
（水銀）（銀）（白金）（金）

■ 金属元素を<u>イオン化傾向</u>の大きいものから順に並べた、<u>イオン化列</u>の順序。

+1
プラス

理解を
深める！

水素との反応

　水素は金属ではないが、水溶液中で陽イオンになるためイオン化列の中に加えられている。水素と金属でも、イオン化傾向の大きさにより同じように反応が起こる。リチウム、カリウム、カルシウム、ナトリウムなどのイオン化傾向の大きい金属は、中性の水の中に入れただけでも水素を発生する。また、水素よりイオン化傾向の大きい金属は、塩酸や希硫酸と反応して水素を発生する。

4 金属の腐食

　地下に埋設された鋼製のタンク、配管など鉄の製品は、防食被覆*等が劣化した部分から腐食が進む。鋼製配管等を腐食(鉄がさびる*)から防ぐ方法の1つとして、鉄よりイオン化傾向の大きい異種金属と接続することが挙げられる。その異種金属には、鉄の配管の場合、鉄よりイオン化傾向の大きい、例えばアルミニウムが有効である。アルミニウムのほうが先に溶け、鉄は守られるからである。

　なお、金属の組合せによっては鉄の腐食が促進されることに注意する。

用語 防食被覆　金属の表面に塗料を塗るなどの腐食防止のための処理のこと。

＊鉄が精錬前の酸化鉄に戻ろうとする作用。地中に埋設された場合は特にこの作用を強く受ける。

 覚える!

鉄製の配管の腐食を防ぐ金属（異種金属）
　　　　➡Fe（鉄）よりもイオン化傾向の大きい
　　　　　Zn（亜鉛）、Al（アルミニウム）、
　　　　　Mg（マグネシウム）

腐食を防止する方法は、金属の表面の塗覆面を傷つけない、電気防食設備を設けるなどの対策もあります。

 覚える!　●鉄の腐食が進みやすい環境

①湿度が高いなど、水分の存在する場所
②乾燥した土と湿った土など、土質が異なっている場所
③酸性が高い土中などの場所
④強アルカリ性でないコンクリート内
⑤塩分が多い場所
⑥異種金属が接触（接続）している場所（ただし、金属の組合せによる）
⑦迷走電流（鉄道のレールから漏れる電流などをいう）の流れる土壌中

 練 習 問 題

問01　金属の性質について、次のうち誤っているものはどれか。

　1　展性、延性があり、金属光沢をもっている。
　2　熱や電気の良導体である。

136

3　比重が大きい（リチウム、ナトリウムなどは例外）。

4　常温（20℃）において、すべての金属が固体である。

5　一般に、塩酸、硝酸、硫酸などに溶ける。

解答　4　　　　　　　　　　　　　　　　　　　　　［金属の特性　→ p.133］

　金属のうち水銀は常温で液体であるという例外があり、すべての金属が固体ではない。ほかの **1**、**2**、**3**（リチウム、ナトリウムなどは比重＜ 1）、**5** は、そのとおりで正しい。

問02　炎色反応で黄色を示すアルカリ金属は、次のうちどれか。

1　リチウム　　　　　2　ナトリウム　　　3　カリウム
4　ストロンチウム　　5　バリウム

解答　2　　　　　　　　　　　　　　　　　　　　　　［炎色反応　→ p.134］

　2 のナトリウム（Na）はアルカリ金属で、ナトリウムの黄色は炎色反応の代表的なものである。

　1 のリチウム（Li）と、**3** のカリウム（K）はアルカリ金属であるが、炎色反応はリチウムは赤色、カリウムは淡紫色である。

　また、**4** のストロンチウム（Sr）、**5** のバリウム（Ba）はアルカリ土類金属で、炎色反応は黄色ではない（ストロンチウムは深赤色、バリウムは緑色）。

問03　次のうち、鉄よりもイオン化傾向が大きいもののみの組合せはどれか。

ナトリウム　　　銅　　　アルミニウム　　　スズ　　　カルシウム

1　ナトリウム　銅
2　銅　アルミニウム
3　アルミニウム　スズ
4　銅　スズ　カルシウム
5　ナトリウム　アルミニウム　カルシウム

| 解答 | 5 | ［金属のイオン化傾向　→ p.135］ |

イオン化列により、鉄よりもイオン化傾向が大きいものはナトリウム、アルミニウム、カルシウムである。銅とスズは鉄よりもイオン化傾向が小さい。

問04 地中に埋設された鉄製配管を腐食（鉄がさびる）から守るために、異種金属と接続する方法がある。その接続する金属として、次のうち正しいもののみの組合せはどれか。

Sn　　　Pb　　　Zn　　　Al　　　Mg　　　Cu

1　Sn Pb Al　　　　2　Zn Mg Cu　　　3　Zn Al Mg
4　Pb Al Mg　　　　5　Sn Zn Al

| 解答 | 3 | ［金属の腐食　→ p.136］ |

正しいものは Zn（亜鉛）、Al（アルミニウム）、Mg（マグネシウム）である。鉄（Fe）よりもイオン化傾向の大きい Zn や Al や Mg と接続すると、鉄の腐食を防ぐことができる（「図 金属のイオン化列（p.135）」参照）。

Sn（スズ）や Pb（鉛）や Cu（銅）との接続では、鉄の腐食が促進される。

問05 鉄の腐食が進みやすい環境について、次のうち誤っているものはどれか。

1　湿度が高いなど、水分の存在する場所
2　乾燥した土と湿った土など、土質が異なっている場所
3　酸性が高い土中などの場所
4　塩分が多い場所
5　強アルカリ性が保たれているコンクリート内

| 解答 | 5 | ［金属の腐食　→ p.136］ |

コンクリート内の pH（水素イオン指数）が 12 ～ 13 の強アルカリ性であると、コンクリート内の鉄がさびないで半永久的な構造を保つ。ほかの 4 肢は鉄の腐食が進みやすい環境である。

Lesson18 有機化合物

絶対覚える！
最重要ポイント

有機化合物と
その特性

① 有機化合物と無機化合物
② 有機化合物の分類（鎖式化合物と環式化合物）
③ 有機化合物の特性
官能基の名称や化合物の例も押さえておこう！

1 有機化合物の分類

　炭素（C）を含む化合物を一般に有機化合物という（ただし、一酸化炭素、二酸化炭素、炭酸塩などの物質を除く）。有機化合物以外の化合物を無機化合物という。

　有機化合物は、骨格となる炭素原子の結合の仕方（分子の形）により鎖式化合物と環式化合物に大別される（次図参照）。

■炭素骨格による分類

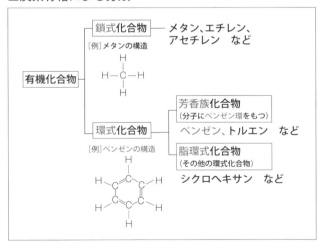

■メタン、ベンゼンの
　分子模型

メタン（CH₄）

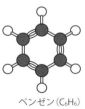

ベンゼン（C₆H₆）

●：C　○：H

理解を
深める！

飽和化合物と不飽和化合物

　炭素間の結合がすべて単結合（一重の線）の有機化合物を飽和化合物、二重結合、三重結合（二重、三重の線）などを含むものを不飽和化合物という。

2 有機化合物の特性

 覚える！ ●有機化合物の特性

①成分元素は、主体が炭素（C）、水素（H）、酸素（O）、窒素（N）である。
②一般に可燃性である。
③一般に空気中で燃えて、二酸化炭素（CO_2）と水（H_2O）を生じる。
④一般に水に溶けにくい。
⑤有機溶媒（アルコール、アセトン、ジエチルエーテルなど）によく溶ける。
⑥一般に融点および沸点の低いものが多い。
⑦多くが非電解質である。
⑧一般に反応は遅いものが多く、その反応機構は複雑である。
⑨一般に分子量が大きくなれば沸点は高くなる。
⑩結合の仕方の相違から、組成が同じであっても性質の異なる異性体（p.100参照）が存在する。

これに対して、無機化合物は
・成分元素はすべての元素
・水に溶けやすい
・融点は一般に高い
などの性質があるよ。

3 官能基（官能基による分類）

　有機化合物には、その分子中に、ハロゲン（－Clなど）、ヒドロキシ基（－OH）、ホルミル基 $\left(-C{\displaystyle\mathop{\diagdown}^{\nearrow O}_{H}}\right)$、カルボキシ基 $\left(-C{\displaystyle\mathop{\diagdown}^{\nearrow O}_{OH}}\right)$、などの原子または原子団を含むものがあり、同種の原子または原子団を含む化合物には、それぞれに共通した性質がある。このような原子または原子団を、特に官能基という。

> 官能基とは、有機化合物の性質を特徴づける原子または原子団のこと

●主な官能基と化合物

官能基の名称 （別称）	官能基の式	化合物の一般名	化合物の例
ハロゲン	－X （－Clなど）	ハロゲン化合物	クロロメタンCH_3Cl
メチル基	－CH_3	アルコール エーテル	メタノールCH_3OH ジメチルエーテルCH_3OCH_3
エチル基	－C_2H_5		エタノールC_2H_5OH ジエチルエーテル$C_2H_5OC_2H_5$

18

有機化合物

ヒドロキシ基* *水酸基ともいう。	—OH	アルコール	メタノール CH_3OH エタノール C_2H_5OH 1-プロパノール C_3H_7OH
		フェノール類	フェノール C_6H_5OH (ベンゼン環 OH)
ホルミル基 （アルデヒド基）	—C<O H （—CHO）	アルデヒド	ホルムアルデヒド HCHO アセトアルデヒド CH_3CHO
カルボニル基 （ケトン基）	>C=O （>CO）	ケトン **	アセトン CH_3COCH_3 エチルメチルケトン $CH_3COC_2H_5$
カルボキシ基	—C<O OH （—COOH）	カルボン酸	酢酸 CH_3COOH 安息香酸 C_6H_5COOH (ベンゼン環 COOH)
ニトロ基	—NO_2	ニトロ化合物	ニトロベンゼン $C_6H_5NO_2$ (ベンゼン環 NO_2)
アミノ基	—NH_2	アミン	アニリン $C_6H_5NH_2$ (ベンゼン環 NH_2)
スルホ基 （スルホン酸基）	—SO_3H	スルホン酸	ベンゼンスルホン酸 $C_6H_5SO_3H$ (ベンゼン環 SO_3H)

＊＊ケトンのほか、アルデヒドやカルボン酸にもカルボニル基（>C＝O）が含まれている。
　　このようなカルボニル基を含んだ化合物のことを総称してカルボニル化合物という。

練習問題

問01　**有機化合物の一般的特性について、次のうち誤っているものはどれか。**

1　一般に水に溶けやすい。

2　一般に空気中で燃えて、二酸化炭素と水を生じる。

3　一般に融点および沸点の低いものが多い。

4　一般に反応は遅いものが多い。

5　成分元素は、主体が炭素、水素、酸素、窒素である。

解答　1　　　　　　　　　　　　　　　　　　　　　　　[有機化合物の特性　→ p.140]

　有機化合物は一般に**水に溶けにくい**。アルコール、アセトン、ジエチルエーテルなどの有機溶媒に**よく溶ける**。ほかの4肢はそのとおりで正しい。

問02 次の A ～ E の有機化合物のうち、カルボニル化合物に該当するもののみの組合せはどれか。

A　アセトアルデヒド　　　B　アニリン

C　1－プロパノール　　　D　エチルメチルケトン

E　酢酸

1　A　B　C　　　　　　2　A　D　E　　　　　　3　B　C　D

4　B　D　E　　　　　　5　C　D　E

解答　2　　　　　　　　　　　　　　[官能基（官能基による分類）→ p.140]

　カルボニル化合物に該当するものは、A、D、E である。カルボニル化合物とは、カルボニル基（ケトン基）＞C＝O をもつ「アルデヒド」や「ケトン」ならびに「カルボン酸」の化合物を総称していう。

　次表のように、A ～ E の構造式から明瞭にカルボニル化合物に該当するものが A、D、E であることがわかる。

有機化合物	示性式	構造式
A　アセトアルデヒド	CH₃CHO	
B　アニリン	C₆H₅NH₂	
C　1－プロパノール	C₃H₇OH	
D　エチルメチルケトン	CH₃COC₂H₅	
E　酢酸	CH₃COOH	

Lesson19 燃焼

OIL

絶対覚える！
最重要ポイント

定義と原理を
押さえる

①燃焼の定義と条件（三要素）

②燃焼の種類と主な特徴

③燃焼の難易の条件

燃焼は、出題が多くきわめて重要な項目です。それぞれの
ポイントをしっかりと覚えよう！

1 燃焼の原理

　物質が酸素原子と結びつくことを酸化というが、この酸化反応が急激に進行し、著しい発熱と発光を伴うものがある。このように、熱と光の発生を伴う酸化反応を燃焼という。物質は燃焼することにより、化学的により安定した物質（酸化物）に変化する。また、鉄がさびるのは酸化であるが、熱や発光を伴わないので燃焼には該当しない。

　燃焼が起こるのに必要な条件としては、次の3つの要素（燃焼の三要素）がある。

① 「可燃物（可燃性物質）」…木材、石炭、ガソリン、メタン　など

② 「酸素供給体（空気等）」…空気、酸素　など

③ 「熱源（点火源）」…………電気火花、マッチの炎、ライターの炎　など*

＊熱源（点火源）とならないもの（間違えやすい熱源）は、赤外線、紫外線、磁気、蛍光灯、気化熱*、融解熱*などがある。

用語 気化熱　蒸発（気化）に必要な熱量。　　融解熱　融解に必要な熱量。

■燃焼の三要素

①可燃物

②酸素供給体　③熱源

［燃焼の絶対条件］
燃焼の三要素が同時に存在すること
（三要素の1つが欠けても燃焼しない）

■燃焼の三要素の例

　燃焼の三要素がそろうと燃焼が起こるが、これに④「燃焼の継続」を加えて燃焼の四要素と呼ぶことがある。燃焼が継続するには、熱源と同時に可燃物と酸素が連続的に供給され、酸化反応が続くことが必要である。

　燃焼と消火は相対的関係にあるので、燃焼の三要素のうち要素を1つでも取り除けば鎮火する。したがって、「燃焼の原理」は「消火の原理」（Lesson21（p.157）参照）に対応している。

 重要ポイント

燃焼の定義
物質が酸素と化合する反応（酸化反応）のうち、熱と光の発生を伴うもの。
燃焼の条件
燃焼の三要素（可燃物、酸素供給体、熱源（点火源））が同時に存在すること。
酸素供給体は、空気のほかに、物質自身に含まれる酸素も該当する。
熱源は、気化熱や融解熱、紫外線、磁気などは該当しない。

理解を
深める！

有機物の燃焼
　有機物の燃焼は、酸素の供給が十分であれば完全燃焼し、二酸化炭素を生じる。またこの場合、酸素濃度が高いと激しく燃焼する。酸素の供給が不十分であれば不完全燃焼し、一酸化炭素を生じる。二酸化炭素はこれ以上燃焼しないが、一酸化炭素は燃焼する。

2 燃焼の仕方

　可燃物の燃焼の仕方は、基本的には気体・液体・固体の三態に分類される。

■燃焼の種類

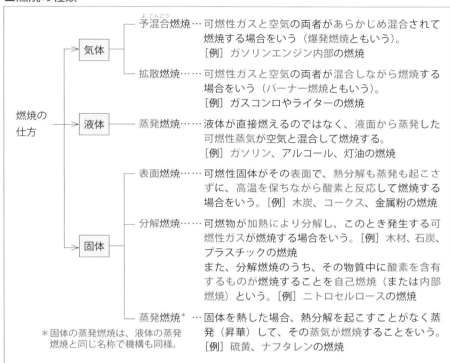

燃焼の仕方

気体
- 予混合燃焼（よこんごう）……可燃性ガスと空気の両者があらかじめ混合されて燃焼する場合をいう（爆発燃焼ともいう）。
  ［例］ガソリンエンジン内部の燃焼
- 拡散燃焼……可燃性ガスと空気の両者が混合しながら燃焼する場合をいう（バーナー燃焼ともいう）。
  ［例］ガスコンロやライターの燃焼

液体
- 蒸発燃焼……液体が直接燃えるのではなく、液面から蒸発した可燃性蒸気が空気と混合して燃焼する。
  ［例］ガソリン、アルコール、灯油の燃焼

固体
- 表面燃焼……可燃性固体がその表面で、熱分解も蒸発も起こさずに、高温を保ちながら酸素と反応して燃焼する場合をいう。［例］木炭、コークス、金属粉の燃焼
- 分解燃焼……可燃物が加熱により分解し、このとき発生する可燃性ガスが燃焼する場合をいう。［例］木材、石炭、プラスチックの燃焼
  また、分解燃焼のうち、その物質中に酸素を含有するものが燃焼することを自己燃焼（または内部燃焼）という。［例］ニトロセルロースの燃焼
- 蒸発燃焼＊……固体を熱した場合、熱分解を起こすことがなく蒸発（昇華）して、その蒸気が燃焼することをいう。［例］硫黄、ナフタレンの燃焼

＊固体の蒸発燃焼は、液体の蒸発燃焼と同じ名称で機構も同様。

 覚える！　**重要ポイント**

燃焼の種類ごとのポイント

①予混合燃焼は、可燃性ガスと空気の両者があらかじめ混合されて燃焼する。

②蒸発燃焼は、液体（ガソリン、灯油など）と固体（硫黄、固形アルコールなど）で発生する。

③表面燃焼は、炎は出ない（木炭、コークス、金属粉など）。

+1 プラス

理解を深める！

ガソリンの燃焼（蒸発燃焼）

ガソリンの燃え方をみると、液表面と炎の間に少しすき間があることがわかる。これは液体そのものが燃えているのではなく、液体表面から蒸発する可燃性蒸気（ガソリン蒸気）が燃えているためである。第4類危険物は液体のため、すべてこの蒸発燃焼である。

すき間

3 燃焼の難易

　一般に、物質は次表のような条件（状態）のとき、燃えやすかったり燃えにくかったりする。物質が燃えやすければ火災の危険性が高くなる。また、密度、体膨張率、気化熱などは、燃焼の難易には直接関係しない。

 覚える！ ●一般的な燃焼の難易の条件

条件	燃えやすい	燃えにくい
①酸化	酸化されやすい	酸化されにくい
②酸素との接触面積	大きいもの	小さいもの
③発熱量（燃焼熱）	大きいもの	小さいもの
④熱伝導率＊	小さいもの	大きいもの
⑤乾燥度（含有水分）	高い（少ない）もの	低い（多い）もの
⑥可燃性蒸気	発生しやすい	発生しにくい
⑦周囲の温度	高い	低い

＊物質についての熱の伝導の度合いを表す数値を熱伝導率という（p.87参照）。熱伝導率が小さい物質ほど燃焼しやすくなることに注意する。
熱伝導率が小さい（熱が伝わりにくい）→熱が逃げず蓄積する→温度上昇→燃えやすい

［燃焼の難易の例］

●酸素との接触面積の大きいものほど燃えやすい。［例］木材＜木粉

●熱伝導率の小さいものほど燃えやすい。［例］銅＜アルミニウム

覚える！ 　　**重要ポイント**

燃焼の難易

●酸化されやすいものほど燃えやすい、熱伝導率が小さいものほど燃えやすい。

●燃焼の難易に直接関係しないもの（体膨張率、気化熱、密度）

練 習 問 題

問01 燃焼の起こりうる正しい組合せは、次のうちどれか。

	可燃物	酸素供給体	熱源
1	ガソリン	空気	静電気火花
2	メタン	二酸化炭素	マッチの炎
3	エタノール	二酸化炭素	窒素
4	硫黄	空気	水素
5	灯油	空気	炭素

解答 1 ［燃焼の原理　→ p.143］

1 は、**燃焼の三要素**がすべて満足しているので正しい。

ほかの 4 肢は、燃焼の三要素がすべて満足していないので誤り。**2** は、**二酸化炭素**が酸素供給体になりえない。**3** は、**二酸化炭素、窒素**が酸素供給体や熱源になりえない。**4、5** も、**水素**や**炭素**が熱源になりえない。

解法の ポイント！

燃焼の三要素とならないものを覚えておくとよい。

窒素、二酸化炭素は可燃物または酸素供給体にはならない。窒素やヘリウムなどの貴ガスは不活性ガス（化合反応を起こしにくい気体）に分類され、常温常圧（20℃、1 気圧）の空気中では燃焼しないため、可燃物ではない。（一酸化炭素、二硫化炭素、水素などは可燃物である。）また、**熱源とならないものに気化熱、融解熱、紫外線**などがある。

問02 次の文の（　）内に当てはまる語句として正しいものはどれか。

「二硫化炭素が完全燃焼すると（　　）になる。」

1 一酸化炭素と二酸化硫黄　　2 一酸化炭素と二酸化炭素
3 一酸化炭素と水蒸気　　4 二酸化硫黄と二酸化炭素
5 二酸化硫黄と水蒸気

二硫化炭素（CS_2）が完全燃焼すると、次のように有毒な二酸化硫黄（SO_2）（亜硫酸ガスともいう）を発生する。また、二酸化炭素（CO_2）も生じる。

$$CS_2 + 3 O_2 \longrightarrow 2 SO_2 + CO_2$$

燃焼の三要素としては、例えばこの場合は、可燃物として CS_2、酸素供給体として空気、熱源として電気火花の組合せが挙げられる。

問03 次の可燃物の燃焼の仕方で、組合せとして誤っているものはどれか。

1 木材が燃える……………分解燃焼
2 エタノールが燃える……蒸発燃焼
3 木炭が燃える……………表面燃焼
4 灯油が燃える……………蒸発燃焼
5 ガソリンが燃える………表面燃焼

解答 5 ［燃焼の仕方 → p.144 ～ 145］

ガソリンが燃えるのは表面燃焼ではなく、蒸発燃焼である。ガソリンは、液面から蒸発したガソリン蒸気が空気と混合し、なんらかの熱源によって燃える。

問04 一般的な燃焼の燃えやすさについて、次のうち誤っているものはどれか。

1 酸素（空気）との接触面積が大きいものほど燃えやすい。
2 熱伝導率が大きいものほど燃えやすい。
3 乾燥している（含有水分が少ない）ものほど燃えやすい。
4 可燃性蒸気が発生しやすいものほど燃えやすい。
5 周囲の温度が高いほど燃えやすい。

解答 2 ［燃焼の難易 → p.146］

一般に熱伝導率が小さいもの（熱を伝えにくいもの）ほど燃えやすい（錯覚をしないよう注意すること）。これは熱伝導率が小さいと熱が逃げずに蓄積するためである。ほかの4肢はそのとおりで正しい。

問05 燃焼の三要素の可燃物と酸素供給体に該当しないものは、次のうちどれか。

1　空気　　　2　炭素　　　3　水素　　　4　窒素　　　5　一酸化炭素

解答　4　　　　　　　　　　　　　　　　　　　［燃焼の原理　→ p.143］

　窒素は不活性ガスのため燃焼することはなく、可燃物、酸素の供給体のいずれにも該当しない。

　1 空気は**酸素の供給体**、**2** 炭素、**3** 水素、**5** 一酸化炭素はいずれも**可燃物**である。

問06 次の物質のうち、常温常圧（20℃、1 気圧）において、主な燃焼の形式がどちらも蒸発燃焼であるものはどれか。

1　木炭、石炭　　　　2　固形アルコール、鉄粉

3　硫黄、灯油　　　　4　ニトロセルロース、プラスチック

5　ガソリン、プロパンガス

解答　3　　　　　　　　　　　　　　　　　［燃焼の仕方　→ p.144 ～ 145］

　1 は木炭（**表面燃焼**）、石炭（**分解燃焼**）、**2** は固形アルコール（**蒸発燃焼**）、鉄粉（**表面燃焼**）、**4** はニトロセルロース（**分解燃焼（自己燃焼）**）、プラスチック（**分解燃焼**）、**5** はガソリン（**蒸発燃焼**）、プロパンガス（**拡散燃焼**）である。

問07 燃焼のしやすさに直接関係のないものは、次のうちどれか。

1　熱伝導率　　　　2　含有水分量　　　　3　体膨張率

4　周囲の温度　　　5　酸素との接触面積

解答　3　　　　　　　　　　　　　　　　　　　［燃焼の難易　→ p.146］

　体膨張率、密度、気化熱などは燃焼の難易には関係しない。

Lesson20 危険物の物性

> **絶対覚える！**
> **最重要ポイント**
>
> 燃焼範囲、引火点と発火点
>
> ① 燃焼範囲、引火点、発火点の定義
> ② 可燃性蒸気の濃度の計算
> ③ 引火点と発火点の比較

1 燃焼範囲

　可燃性蒸気は、可燃性蒸気と空気との混合割合が一定の濃度でないと、点火しても燃焼しない。この濃度範囲を燃焼範囲という（爆発範囲ともいう）。燃焼範囲のうち、低い濃度の限界を燃焼下限値、高い濃度の限界を燃焼上限値という。燃焼下限値のときの液温が引火点（p.152参照）となる。

■空気中の可燃性蒸気の濃度

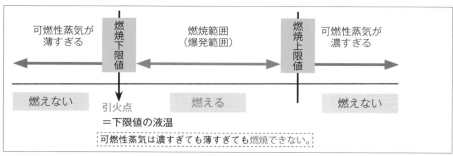

　可燃性蒸気の濃度は、可燃性蒸気と空気との混合気体中の可燃性蒸気の体積（容量）パーセント〔vol%〕で表す。

$$可燃性蒸気の濃度〔vol\%〕 = \frac{蒸気の体積〔L〕}{蒸気の体積〔L〕+空気の体積〔L〕} \times 100$$

　燃焼範囲の下限値が低いものほど、また、燃焼範囲の幅が広いものほど、引火の危険性が高くなる。主な物質の燃焼範囲を示すと次表のとおりである。

●主な物質の燃焼範囲

気体（蒸気）	燃焼範囲（爆発範囲）〔vol%〕
	下限値～上限値
ジエチルエーテル	1.9 ～ 36（48）*
二硫化炭素	1.3 ～ 50
ガソリン	1.4 ～ 7.6
ベンゼン	1.2 ～ 7.8
アセトン	2.5 ～ 12.8
エタノール	3.3 ～ 19
灯油	1.1 ～ 6.0

可燃性蒸気の濃度を燃焼範囲と見くらべると、その蒸気の引火の危険性がわかります。

＊燃焼範囲の上限値を48vol%として採用している文献もある。

例題にチャレンジ！

例題1　100Lのドラム缶に次のようなガソリン蒸気と空気の混合気体を入れて電気火花で点火すると、燃焼するのはどれか。ただし、ガソリンの燃焼範囲は、1.4vol%～ 7.6vol%（「表 主な物質の燃焼範囲」より）。

1　ガソリン蒸気20L、空気80L（ガソリンの蒸気濃度20vol%）

2　ガソリン蒸気8L、空気92L（ガソリンの蒸気濃度8vol%）

3　ガソリン蒸気3L、空気97L（ガソリンの蒸気濃度3vol%）

4　ガソリン蒸気1L、空気99L（ガソリンの蒸気濃度1vol%）

5　ガソリン蒸気0.5L、空気99.5L（ガソリンの蒸気濃度0.5vol%）

[解法のヒント！] ➡ ガソリンの燃焼範囲1.4vol%～ 7.6vol%から、ガソリンの蒸気濃度が燃焼範囲内のものを選ぶ。

解答　3

　3は、ガソリンの蒸気濃度が3vol%で燃焼範囲内のため燃焼する。

　1、2はガソリン蒸気が濃すぎて燃焼範囲外、4、5はガソリン蒸気が薄すぎて燃焼範囲外である。

重要ポイント

燃焼範囲

空気中において燃焼することができる可燃性蒸気の濃度範囲のこと。

$$可燃性蒸気の濃度〔vol\%〕 = \frac{蒸気の体積〔L〕}{蒸気の体積〔L〕+空気の体積〔L〕} \times 100$$

2 引火点と発火点

（1）引火点と燃焼点

①引火点

　引火点とは、「可燃性物質（主として液体）が空気中で点火したとき、燃えだすのに十分な濃度の蒸気を表面付近に発生する最低温度」である。可燃性蒸気は、空気と燃焼範囲内で混合している場合にのみ燃焼する。したがって、引火点とは、「液面付近の蒸気の濃度がちょうど燃焼範囲内の下限値に達したときの液温」であるともいえる。

> 引火点は、蒸気の温度ではなく、液体のほうの温度。

　可燃性液体の温度がその引火点より高いときは、熱源（点火源）により引火する危険性が高くなる。

> 一般に、引火点が低い物質ほど燃焼の可能性が高い。

［引火点が低い物質の例］

●ガソリンの引火点は−40℃以下なので常温（20℃）でも引火する。

■重油の燃焼例（重油の引火点70℃の場合）

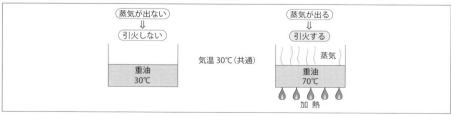

覚える!　**重要ポイント**

引火点の定義

①可燃性物質（主に<u>液体</u>）が空気中で点火したとき、<u>燃えだすのに十分な濃度</u>の蒸気を表面付近に発生する<u>最低温度</u>。

②可燃性<u>液体</u>が燃焼範囲の<u>下限値の濃度</u>の蒸気を発生するときの<u>液温</u>。

可燃性液体の温度がその引火点より高い状態では、<u>熱源（点火源）</u>により引火する危険性が高い。

②燃焼点

　燃焼を継続するには、引火点よりも少し高い温度以上に加熱する必要がある。「引火後5秒以上燃焼が継続する最低の液温」を燃焼点という。燃焼点は、一般的に引火点より数℃〜10℃ほど高い。

（2）発火点

　発火点とは、「空気中で可燃性物質を加熱した場合、これに熱源（点火源）を近づけなくとも自ら発火し、燃焼を開始する最低の温度」をいう。引火点の場合はたとえ引火点に達しても熱源（点火源）がなければ引火しないが、発火点の場合は物質自らが燃えだすので、熱源（点火源）は不要[*]である。

[*]この場合、熱源（点火源）は不要でも、発火点まで加熱している熱源はあるわけで、燃焼の三要素は満たされている。

●引火点と発火点の比較

	引火点	発火点
測定対象	主に可燃性の液体	可燃性の固体、液体、気体
熱源（点火源）	必要	不要
［主な第4類の危険物の例］		
ガソリン	−40℃以下	約300℃
灯油	40℃以上	220℃
軽油	45℃以上	220℃
エタノール	13℃	363℃

■灯油の引火点と発火点

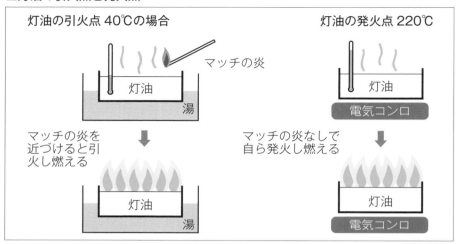

 重要ポイント

発火点の定義

可燃性物質を空気中で加熱したとき、これに熱源（点火源）を近づけなくとも自ら発火し、燃焼を開始する最低の温度のこと。

引火点との比較

①引火点は熱源（点火源）が必要、発火点は熱源（点火源）は不要。

②同一の物質では、引火点は発火点より低い値を示す。

（3）自然発火

　発火点に対して、**自然発火**とは、空気中で加熱しなくても物質が**常温（20℃）**で**酸化、分解、吸着**などの反応により**発熱**し、その熱が**蓄積**されて高温となり、物質の**発火点**に達して自ら燃焼を起こすなどの現象をいう。アマニ油がしみ込んだボロ布を放置すると自然発火の危険性があるのは、酸化による発熱の例である（第3章（p.207）参照）。

自然発火の熱の発生機構

①分解熱による発熱　［例］セルロイド、ニトロセルロース

②酸化による発熱　［例］乾性油、原綿、石炭、ゴム粉、金属粉、自然発火性物質（第3類）

③吸着熱による発熱　［例］活性炭、木炭粉末

ほかに、発酵熱、重合熱などによる発熱もある。

　多孔質、粉末状、繊維状の物質が自然発火を起こしやすいのは、空気に触れる面積が大きく酸化を受けやすいこと、また、熱の伝わり方が小さいため保温効果が働きやすく熱が蓄積されやすいためである。

（4）粉じん爆発

　可燃性物質が粉体（微粉）となって空気中に一定の濃度で浮遊している状態で、これに発火源（エネルギー）を与えると着火し、粉じん爆発を起こす。粉じん爆発の主な特徴は次のようなものがある。

①一般にガス爆発より着火しにくいが、爆発時に発生するエネルギーは大きい。

②爆発時に周囲に堆積している粉じんが舞い上がり、次々に爆発的な燃焼が繰り返され遠方へ伝播することがある。

③有機化合物による粉じん爆発では、不完全燃焼を起こしやすく、一酸化炭素が大量に発生することがある。

④一定の濃度で浮遊している粉じんの粒子（粉じん雲）は、気体と比べて静電気を発生しやすい。

⑤粉じんの粒子が小さいと空気中に浮遊しやすく、爆発の危険性が高い。

 練 習 問 題

問01　**燃焼範囲に関する説明で、次のうち正しいものはどれか。**

1　燃焼範囲は空気中において可燃性蒸気が燃焼することのできる濃度範囲のことである。

2　燃焼範囲は燃焼をするのに必要な酸素量の範囲のことである。

3 燃焼範囲は可燃性蒸気が燃焼するのに必要な熱源の濃度範囲のことである。

4 燃焼範囲の幅が広いものほど引火の危険性が低くなる。

5 燃焼範囲のうち高濃度の限界を燃焼下限値という。

解答 1 ［燃焼範囲 → p.150 〜 152］

1 は燃焼範囲の定義であり、正しい。

2 は「酸素量の範囲」ではない。3 も「熱源の濃度範囲」ではない。4 は、燃焼範囲の幅が広いものほど引火の危険性が高い。5 は、燃焼範囲のうち高濃度の限界は燃焼上限値という。

問02 **引火点および発火点等について、次のうち誤っているものはどれか。**

1 引火点とは、可燃性物質（主として液体）が空気中で点火したとき燃えだすのに十分な濃度の蒸気を表面付近に発生する最低温度である。

2 引火点とは、可燃性液体がその液面上に燃焼範囲の上限値に相当する濃度の蒸気を発生したときの液温でもある。

3 発火点とは、可燃性物質を空気中で加熱したときに、熱源（点火源）なしに自ら燃焼し始める最低の温度をいう。

4 同一可燃性物質において、一般に発火点のほうが引火点よりも高い数値を示す。

5 同一可燃性物質において、引火点より燃焼点のほうが少し高い数値を示す。

解答 2 ［引火点と発火点 → p.152 〜 153］

引火点とは、可燃性液体の燃焼範囲の上限値ではなく、下限値の濃度の蒸気を発生したときの液体の温度でもある。

ほかの 4 肢はそのとおりで正しい。5 の燃焼点は、燃焼点＝引火点＋数℃〜10℃となる。

OIL

Lesson21 消火

絶対覚える！ 最重要ポイント	①消火の原理（燃焼と消火の要素は相対的関係）
	②消火の方法と具体例
原理と消火設備 ・消火方法	③消火設備
	④火災の区別と適応する消火器、消火剤

1 消火の原理

　消火とは、燃焼の中止に相当する。したがって、燃焼の三要素（可燃物、酸素供給体、熱源）のうちの一要素を取り除けば燃焼は中止し、消火することができる。

　燃焼の三要素に対応した消火方法を、消火の三要素という。

①「除去消火（可燃物を取り除く消火方法）」

②「窒息消火（酸素供給体を断ち切る消火方法）」

③「冷却消火（熱源から熱を奪う消火方法）」

> 燃焼と消火の要素は相対的関係にある。

　燃焼の三要素に「燃焼の継続」を加えて燃焼の四要素と呼ぶ場合がある。この燃焼の継続を抑えるため、酸化反応を阻害する物質*を加えて、酸化反応を断ち切る作用を利用した消火方法を④「燃焼の抑制消火（負触媒効果）」という。消火の三要素（「除去消火」、「窒息消火」、「冷却消火」）のほかに、この④「燃焼の抑制消火」（燃焼の継続を断ち切る消火方法）を加えて消火の四要素と呼ぶことがある。

*主に、ハロゲン（フッ素、塩素、臭素）など。

 覚える！　■消火の三要素と燃焼の三要素との対応

①除去消火
（可燃物）

②窒息消火　　③冷却消火
（酸素供給体）　（熱源）

消火の三要素は、燃焼の三要素に対応している（燃焼の三要素のうちの1つを取り除けば、燃焼は中止する）

[消火の三要素の具体例]

●除去消火

ガスの元栓を閉める。

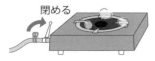

ろうそくの火に息を吹きかけて消す。

発生した蒸気を飛ばす

●窒息消火

砂をかけて火を消す。

砂

燃えているフライパンにふたをして消す。

炎　ふたをする

●冷却消火

燃焼物に水をかけて消火する。

ジューッ　水

+1 プラス
理解を深める！

窒息消火の方法

　炎に砂をかけたり、燃えているフライパンにふたをしたりして火を消す方法も窒息による消火であるが、燃焼物を不燃性の泡や不燃性ガス（ハロゲン化物の蒸気や二酸化炭素）などで覆い、酸素の供給を遮断することによる消火の方法もある。空気中の酸素濃度は21％であるが、一般に空気中の酸素の濃度を14〜15％以下とすれば燃焼は中止する。

2 消火設備

　消火設備は第1種から第5種に区分される。

①第1種消火設備（屋内・屋外消火栓設備）

②第2種消火設備（スプリンクラー設備）

③第3種消火設備（泡・粉末等特殊消火設備）

④第4種消火設備（大型消火器）

⑤第5種消火設備（小型消火器）

これらの第1種から第5種までに区分された消火設備と、危険物第4類などの対象物の区分との適応が次表のように定められている（「危険物の規制に関する政令別表第五」（抜粋）による）。

●製造所等に対する消火設備の適用（消火設備の区分と対象物の区分）
危険物の規制に関する政令別表第五（抜粋）

消火設備の区分		建築物その他の工作物	電気設備	第4類の危険物
第1種	屋内消火栓設備又は屋外消火栓設備	○		
第2種	スプリンクラー設備	○		
第3種	水蒸気消火設備又は水噴霧消火設備	○	○	○
	泡消火設備	○		○
	不活性ガス消火設備*		○	○
	ハロゲン化物消火設備		○	○
	粉末消火設備 りん酸塩類等を使用するもの	○	○	○
	粉末消火設備 炭酸水素塩類等を使用するもの		○	○
	粉末消火設備 その他のもの			

消火設備の区分		建築物その他の工作物	電気設備	第4類の危険物
第4種又は第5種	棒状の水を放射する消火器	○		
	霧状の水を放射する消火器	○	○	
	棒状の強化液を放射する消火器	○		
	霧状の強化液を放射する消火器	○	○	○
	泡を放射する消火器	○		○
	二酸化炭素を放射する消火器		○	○
	ハロゲン化物を放射する消火器		○	○
	消火粉末を放射する消火器 りん酸塩類等を使用するもの	○	○	○
	消火粉末を放射する消火器 炭酸水素塩類等を使用するもの		○	○
	消火粉末を放射する消火器 その他のもの			
第5種	水バケツ又は水槽	○		
	乾燥砂			○
	膨張ひる石又は膨張真珠岩			○

備考
1 ○印は、対象物の区分の欄に掲げる建築物その他の工作物、電気設備及び第4類の危険物に、当該各項に掲げる第1種から第5種までの消火設備がそれぞれ適応するものであることを示す。
2 消火器は、第4種の消火設備については大型のものをいい、第5種の消火設備については小型のものをいう。
3 りん酸塩類等とは、りん酸塩類、硫酸塩類その他防炎性を有する薬剤をいう。
4 炭酸水素塩類等とは、炭酸水素塩類及び炭酸水素塩類と尿素との反応生成物をいう。

＊不活性ガス消火設備は、二酸化炭素、窒素などを消火薬剤としたものをいう。

159

3 大型・小型消火器

　大型消火器は第4種消火設備であり、小型消火器は第5種消火設備である。小型消火器は、初期火災、小規模火災の消火に適応するようにつくられたものである。大型消火器は、構造、適応火災など小型消火器に準ずる。しかし、小型消火器に比べて大きいため、①車輪に固定積載されている、②消火剤の量が多く放射時間が長い、③放射距離（範囲）が広いなどの特色がある。大型消火器は、太くて長いホースが付いており、消火剤は多量だが機動性の点では小型消火器には及ばない。また、小型消火器は、機動性においては初期火災、小規模火災の消火に適してはいるが、消火能力の点では大型消火器には及ばない。

（1）火災の区別

　消火器では、火災の区別として次の3つに区分されている。

①普通火災（A火災）……普通可燃物（木材、紙類、繊維など）の普通火災。一般火災ともいう。

②油火災（B火災）………引火性液体などの油火災。

③電気火災（C火災）……電気設備（電線、変圧器、モーターなど）の電気火災。

（2）消火器の種類等

　消火設備である消火器の種類や成分、消火効果、適応火災などは次表のとおりである。

●消火器の種類・成分・消火効果・適応火災

消火器の種類	消火剤の主成分	消火効果		適応火災			備　考
				普通火災(A)	油火災(B)	電気火災(C)	
水消火器	水	棒状	冷却効果	○	×	×	・油火災には使用できない。 ・注水方法を棒状放射ではなく、霧状放射（噴霧状放射）にすれば電気火災に適応できる（感電の危険はない）。
		霧状		○	×	○	
強化液消火器	炭酸カリウム（K_2CO_3）	棒状	冷却効果 再燃防止効果	○	×	×	・不凍性が高いので寒冷地でも使用できる。
		霧状	冷却効果 抑制効果	○	○	○	

泡消火器	化学泡	炭酸水素ナトリウム（NaHCO₃）と硫酸アルミニウム（Al₂(SO₄)₃）	窒息効果 冷却効果 抑制効果	○	○	×	• 化学泡は、炭酸水素ナトリウムと硫酸アルミニウムの化合によって生じる二酸化炭素を、泡の中に含んだもの。
	機械泡	合成界面活性剤泡または水成膜泡					• 機械泡は、合成界面活性剤などを用いて、ノズルから放射する際に空気を混入して発泡する。
二酸化炭素消火器		二酸化炭素	窒息効果 冷却効果	×	○	○	• 圧縮液化された二酸化炭素をガス状に放出する。
ハロゲン化物消火器		〔例〕ブロモトリフルオロメタン（一臭化三フッ化メタン）（CF₃Br）	抑制効果 窒息効果	×	○	○	• ブロモトリフルオロメタンはハロン1301ともいう。
粉末消火器	粉末（ABC）消火器	リン酸アンモニウム（(NH₄)₃PO₄）	窒息効果 抑制効果	○	○	○	• 普通火災（A）、油火災（B）、電気火災（C）のすべてに適応できる万能型消火剤で、最も広く用いられている。
	粉末（K）（Ku）消火器	炭酸水素カリウム（KHCO₃）または炭酸水素カリウム（KHCO₃）と尿素（urea：ユレア）の反応物		×	○	○	• （K）はKHCO₃を示し、（Ku）はKHCO₃と urea（尿素）を表している。
	粉末（Na）消火器	炭酸水素ナトリウム（NaHCO₃）					• （Na）はNaHCO₃を示している。

なお、小型消火器（第5種消火設備）には、ほかに水バケツまたは水槽、乾燥砂、膨張ひる石（バーミキュライト）または膨張真珠岩（パーライト）といった簡易消火用具がある。

 覚える！ ●火災の区別に適応しない消火器の種類

普通火災に適応しない消火器→二酸化炭素、ハロゲン化物（例：ハロン1301）、粉末（K）（Ku）、粉末（Na）

油火災に適応しない消火器→強化液（棒状）、水

電気火災に適応しない消火器→水（棒状）、強化液（棒状）、泡

 火災の区別による消火剤の種類 ［その他のポイント］

●水（霧状）は電気火災に適応する。

●強化液（霧状）は油火災、電気火災に適応する。

●リン酸塩類を主成分とする粉末は、普通火災、油火災、電気火災のすべての火災に適応する（ABC消火器）。

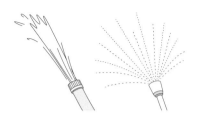

水や強化液は、棒状、霧状の形状により適応火災が違うんだ！

（3）消火器取扱い上の留意点

①油類の火災には水を使用しない。

②水溶性の液体（アルコール、アセトンなど）の火災には、「耐アルコール泡消火薬剤」*を用いる。泡を溶かすアルコールやアセトンなどの水溶性液体の火災には、普通の泡を用いても効果が薄い。このため、これらの消火には特殊な耐アルコール泡が有効であり、耐アルコール泡消火器が用意されている。

> 用語 耐アルコール泡消火薬剤　水溶性液体用泡消火薬剤のことで、アルコフォームともいわれ、タンパクと界面活性剤を主剤としたもの。特殊泡ともいう。

③地下街などのような換気の悪い場所での火災には、二酸化炭素消火器あるいはハロゲン化物消火器を用いないようにする（これらの消火器は消火剤による窒息作用を利用するので、多量の使用により酸欠状態になるため）。

主な消火剤の種類と特徴

①水消火剤（主に冷却効果）

- 蒸発熱（気化熱）と比熱が大きく、冷却効果が大きい。
- 注水により発生した水蒸気は窒息効果もある。

②強化液消火剤（主に冷却効果、抑制効果）

- 寒冷地でも使用できる。再燃防止効果もある。

③泡消火剤（主に窒息効果、冷却効果）

④二酸化炭素消火剤（主に窒息効果）

⑤ハロゲン化物消火剤（主に抑制効果）

⑥粉末消火剤（主に窒息効果、抑制効果）

- リン酸塩類を主成分とする粉末消火剤は、普通火災、油火災、電気火災すべてに適応する。
- 炭酸水素塩類を主成分とする粉末消火剤は、普通火災に適応しない。

 練 習 問 題

問01　消火に関して、次のうち誤っているものはどれか。

1　除去消火、窒息消火、冷却消火を消火の三要素という。
2　ガスの元栓を閉めての消火は、除去消火である。
3　たき火に水をかけての消火は、主に冷却消火である。
4　燃えているフライパンにふたをしての消火は、窒息消火である。
5　ろうそくの火に息を吹きかけての消火は、冷却消火である。

解答　5　　　　　　　　　　　　　　　　　　　　　　[消火の原理　→ p.157〜158]

　5 は冷却消火ではなく、ロウの可燃性蒸気を吹きとばし、**可燃物を除去する除去消火**である。

　1 は、**消火の原理**で正しい。**2** は、ガスの元栓を閉めることによってガス（可燃物）の供給を**除去**しているので正しい。**3** のたき火に水をかけるのは**冷却消火**が歴然であるので正しいが、発生した水蒸気による**窒息効果**もあることに注意する。**4** は、ふたをすることによって空気（酸素）の供給を遮断しているので、**窒息消火**で正しい。

問02　消火設備について、次のうち正しいものはどれか。

1　消火設備は、第 1 種から第 6 種までに区分されている。
2　小型消火器は、第 5 種の消火設備である。
3　乾燥砂は、第 4 種の消火設備である。
4　第 4 類の危険物に適応する消火設備を第 4 種という。
5　泡を放射する大型消火器は、第 5 種の消火設備である。

解答 2　　　　　　　　　　　　　　　　　　　　　　　［消火設備　→ p.158 〜 159］

　2 は、「危険物の規制に関する政令別表第五」（備考 2）により正しい。

　1 は、消火設備は第 1 種から第 5 種までに区分されている。3 は、乾燥砂は第 5 種の消火設備である。4 は、「危険物の規制に関する政令別表第五」により、第 4 種以外に第 3 種、第 5 種の消火設備も適応する。5 は、泡を放射する大型消火器は第 4 種の消火設備である。

問03　消火剤とその効果の一般的な説明として、次のうち誤っているものはどれか。

1　水消火剤は、冷却効果があり、棒状あるいは霧状に放射して使用される。
2　強化液消火剤は、主に燃焼を化学的に抑制する効果と冷却効果がある。
3　泡消火剤は、泡で燃焼を覆うので窒息効果があり、油火災に適する。
4　二酸化炭素消火剤は、不燃性の気体で窒息効果があり、気体自体に毒性はないので地下街などでも安心して使用できる。
5　粉末消火剤は、リン酸塩類や炭酸水素塩類などを主成分としたもので、燃焼を化学的に抑制する効果と窒息効果がある。

解答 4　　　　　　　　　　　　　　　　　　　　［大型・小型消火器　→ p.160 〜 162］

　4 は、二酸化炭素消火剤は、窒息効果があり、二酸化炭素自身には毒性はないが、地下街などでは酸欠状態になることがあるので安心して使用できない。

問04　消火器とそれに適応した火災の組合せで、誤っているものはどれか。

1　強化液消火器……普通火災　　　2　二酸化炭素消火器………油火災
3　泡消火器…………電気火災　　　4　ハロゲン化物消火器……電気火災
5　粉末（リン酸塩類）消火器……油火災

解答 3　　　　　　　　　　　　　　　　　　　　［大型・小型消火器　→ p.160 〜 161］

　3 は、「表 消火器の種類・成分・消火効果・適応火災（p.160 〜 161）」により誤っている。泡消火器は、電気火災の場合は、泡を伝わって感電する危険性があるため使用できない（泡は電気を伝える）。ほかの 4 肢はそのとおりで正しい。

第 3 章
危険物の性質並びにその火災予防及び消火の方法

Lesson01 危険物の類ごとに共通する性状等

絶対覚える！ 最重要ポイント	①危険物は、常温では**液体**か**固体**
	②危険物のうち、不燃性の物質は**第1類**と**第6類**
危険物の性状	③液体、固体の危険物ともに、**比重**が1よりも**大きいもの**も、**小さいもの**もある

1 危険物全般について

　消防法上の危険物は、第1類から第6類に分類されているが、それらはすべて、常温（20℃）においては、液体か固体のどちらかである。言い換えると、常温において気体である物質は、消防法上の危険物には含まれていない。

　危険物には、単体、化合物、混合物の3種類がある。

■物質の状態と危険物

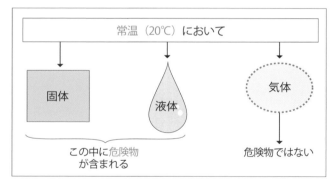

ただし、液体や固体の危険物の中には、常温でも、表面から引火性の蒸気を発生させるものがあります。

覚える！　　**重要ポイント**

危険物の状態

消防法上の危険物は、常温（20℃）において、<u>液体</u>か<u>固体</u>のどちらかである。

危険物には、単体、<u>化合物</u>、<u>混合物</u>の3種類がある。

危険物の比重

　液体の危険物には、比重が1より大きいものも、1より小さいものもある。固体の危険物のほとんどは比重が1より大きいが、比重が1より小さいものもある。

理解を
深める！

固体でも比重が1よりも小さい…、つまり、水よりも軽い固体の危険物もあるのね。

01

危険物の類ごとに共通する性状等

2 各類の危険物の性状等

①第1類危険物（酸化性固体）

　いずれも不燃性物質で、そのもの自体は燃焼しないが、分子構造中に酸素を含有し、加熱、摩擦等により分解し酸素を放出して、他の可燃物の燃焼（酸化）を著しく促進する。

②第2類危険物（可燃性固体）

　比較的低温で着火しやすい可燃性物質で、引火性を有するものもある。

③第3類危険物（自然発火性物質および禁水性物質）

　空気と接触すると自然に発火する物質（自然発火性物質）と、水と接触すると発火し、または可燃性ガスを発生する物質（禁水性物質）がある。その両方の危険性を有するものが多い。

④第4類危険物（引火性液体）

　引火性を有する液体（Lesson02（p.170）で詳述）。

⑤第5類危険物（自己反応性物質）

　きわめて燃焼速度が速い可燃性物質で、加熱分解等により爆発的に燃焼する。空気中に長時間放置すると自然発火するものもある。自ら酸素供給源となり燃焼を促進させるものが多く、外部から酸素の供給がなくても燃焼する。

⑥第6類危険物（酸化性液体）

　不燃性の液体で、そのもの自体は燃焼しないが、酸化力が強く、他の可燃物の燃焼（酸化）を著しく促進する。

　大きく分けると、危険物には、燃焼しやすい可燃性物質と、他の物質の燃焼を促進する酸化性物質がある。後者は、第1類と第6類である。

■危険物の状態や性質によるグループ分け

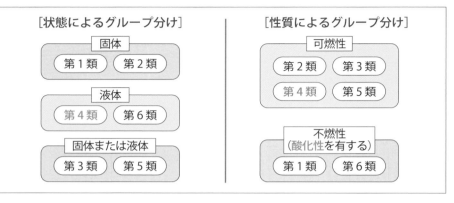

[状態によるグループ分け]

固体
第1類　第2類

液体
第4類　第6類

固体または液体
第3類　第5類

[性質によるグループ分け]

可燃性
第2類　第3類
第4類　第5類

不燃性
(酸化性を有する)
第1類　第6類

 覚える！　　**重要ポイント**

各類の危険物の性状等

第1類、第6類の危険物は、<u>不燃性</u>であるが、他の可燃物の<u>燃焼（酸化）</u>を促進する。

 練 習 問 題

問01 第1類から第6類の危険物の性状等について、次のうち誤っているものはどれか。

1　単体、化合物、混合物の3種類がある。

2　水と接触すると発火し、もしくは可燃性ガスを発生するものがある。

3　不燃性の液体や固体で、他の物質を酸化し、燃焼を促進させるものがある。

4　液体の危険物の比重は1より小さく、固体の危険物の比重は1より大きい。

5　常温（20℃）において液体、固体のものがある。

解答　4　　　[危険物全般について、各類の危険物の性状等　→ p.166〜167]

1 ○　危険物には、単体、化合物、混合物の3種類がある。

2 ○　第3類危険物のうち**禁水性物質**は、水と接触すると発火し、もしくは可燃性ガスを発生する。

3 ○　**第1類危険物**（酸化性固体）と**第6類危険物**（酸化性液体）は、不燃性であるが他の物質を酸化し、燃焼を促進させる。

4 ×　液体の危険物、固体の危険物ともに、比重が1より**大きい**ものも、1より**小さい**ものもある。

5 ○　消防法上の危険物は、常温（20℃）においては**液体、固体**のどちらかである。

問02　**危険物の類ごとに共通する性状について、次のうち正しいものはどれか。**

1　第1類の危険物は、可燃性で、加熱すると爆発的に燃焼する。

2　第2類の危険物は、可燃性の固体である。

3　第3類の危険物は、そのもの自体は燃焼しないが、他の物質を酸化し、燃焼を促進させる。

4　第5類の危険物は、水と接触すると発火し、または可燃性ガスを発生する。

5　第6類の危険物は、可燃性の液体である。

解答　2　　　　　　　　　　　　　　　　　　［各類の危険物の性状等　→ p.167］

1 ×　第1類危険物（酸化性固体）は、そのもの自体は**燃焼しない**が、加熱、摩擦等により分解して酸素を放出し、他の可燃物の燃焼を促進する。

2 ○　第2類危険物は、**可燃性固体**である。

3 ×　第3類危険物には、空気と接触すると自然に発火する物質（**自然発火性物質**）と、水と接触すると発火し、または可燃性ガスを発生する物質（**禁水性物質**）がある。多くのものは、その両方の性質を有する。

4 ×　第5類危険物は、加熱分解等により**爆発的**に燃焼する。

5 ×　第6類危険物（酸化性液体）は、そのもの自体は**燃焼しない**が、酸化力が強く、他の可燃物の燃焼を著しく促進する。

**解法の
ポイント！**　　危険物のうち、**不燃性**の（そのもの自体は燃焼しない）物質は、**第1類**と**第6類**だけ。それを知っているだけでも、選択肢の1、3、5は誤りであることがわかる。

Lesson02 第4類の危険物に共通する特性

絶対覚える！最重要ポイント	①引火点が低いものほど引火の危険性が高い
第 4 類の性状	②蒸気比重は 1 より大きい
	③液比重は 1 より小さいものが多い
	④静電気が蓄積されやすい

1 燃焼範囲と引火点、発火点

　第4類危険物は引火性液体、つまり、引火点を有する液体である。第4類危険物は、液体のまま燃焼するのではなく、液面から発生する蒸気が空気と混合して燃焼する（蒸発燃焼）。燃焼が起きるのは、その混合割合（濃度）がある範囲内であるときに限られ、その範囲を燃焼範囲という。引火点は、可燃性の液体から発生する蒸気の濃度が燃焼範囲の下限値に達するときの液体の温度である。

■引火点と発火点

引火点	発火点
液温がさらに上昇すると…、	
液温が引火点よりも高いと、点火源があれば引火する	液温が発火点に達すると、点火源がなくても発火する

引火点が低いものほど引火の危険性が高いんだね。

覚える！　重要ポイント

燃焼範囲と引火点

引火点は、蒸気の濃度が燃焼範囲の<u>下限値</u>に達するときの<u>液温</u>。

引火点が<u>低い</u>ものほど引火の危険性が高い。

燃焼点

プラス
理解を
深める！

　液温が引火点ちょうどのときは、点火源を除くと燃焼はすぐに止まるが、液温がさらに上昇すると、点火源を除いても燃焼が継続するようになる。燃焼が5秒間継続するための最低の液温を、燃焼点という。

引火点＜燃焼点＜発火点
ですね。

一般に、燃焼点は引火点よりも高く、発火点はさらに高い温度になります。

2 蒸気比重と液比重

　第4類危険物の蒸気比重は1より大きく、そのため、蒸気が低所に滞留しやすい。液比重は1より小さいものが多く、また、水に溶けない（非水溶性）ものが多いので、燃焼した際に注水すると、危険物が水面に薄く広がり、火災の範囲が拡大するおそれがある。

覚える！　**重要ポイント**

蒸気比重と液比重

蒸気比重は1より大きい（空気より重い）。

液比重は1より小さいものが多い（水より軽いものが多い）。

語呂合わせで覚えよう　第4類の危険物に共通する性質

夜の駅は、
（第4類）（液比重）

だいたい明るい。
（多くのものが）（水より軽い）

夜、上機嫌な人は、みな重い
（第4類）（蒸気比重）　　（空気より重い）

　第4類の危険物は、すべて蒸気比重が1よりも大きく（空気よりも重く）、液比重は、1よりも小さい（水よりも軽い）ものが多い。

3 静電気

第4類危険物は、電気の不良導体であるものが多い。そのような物品は、静電気が蓄積されやすく、蓄積された静電気が放電するときの火花により引火するおそれがある。

■第4類危険物の一般的性質

 練 習 問 題

問01 第4類の危険物の一般的な性状として、次のうち誤っているものはどれか。

1 液比重は1より小さいものが多い。
2 蒸気は低所に滞留しやすい。
3 引火点が高いものほど、引火の危険性が高い。
4 水に溶けにくいものが多い。
5 静電気の放電による火花により引火することがある。

解答 3 ［第4類の危険物に共通する特性 → p.170～172］

引火点が低いものほど、引火の危険性が高い。

2は、蒸気比重が1より大きいので、蒸気は低所に滞留しやすい。5は、電気の不良導体であるものは静電気が蓄積されやすく、静電気が放電するときの火花により引火することがある。

Lesson03 第 4 類に共通する火災予防の方法

絶対覚える！
最重要ポイント

第 4 類の
火災予防

① 火気を避ける

② みだりに蒸気を発生させない

③ 蒸気を屋外の高所に排出する

④ 静電気の蓄積を防ぐ

1 第 4 類危険物の貯蔵・取扱いの注意事項

　第 4 類危険物の貯蔵・取扱いに際しては、炎、火花、高温体等との接近や加熱を避ける。第 4 類危険物は、液体から発生する蒸気が空気と混合して燃焼するので、火災予防のためには、みだりに蒸気を発生させないことが重要である。

　第 4 類危険物を容器に入れて貯蔵する際は、液や蒸気が漏れないように容器を密栓し、冷暗所に貯蔵する。そのときに、容器が一杯になるまで危険物を入れるのではなく、容器内に若干の空間を残しておかなければならない。

■第 4 類危険物を容器に入れて貯蔵する場合

密栓して
冷暗所に
貯蔵する

容器を一杯にせずに
空間容積をとる

容器一杯に入れてしまうと、液が膨張したときに
容器が破損し、危険物が漏れるおそれがある

覚える！　　**重要ポイント**

第 4 類危険物の貯蔵・取扱いの注意事項

● みだりに蒸気を発生させないこと。　● 容器は一杯にせず、空間を残す。

● 容器に入れて貯蔵する際は、密栓して冷暗所に貯蔵する。

+1 プラス 理解を 深める！ **容器内に残った蒸気にも注意！**

第4類危険物が入っていた容器は、空になっていても内部に蒸気が残っている可能性があるので、十分注意して取り扱う必要がある。

2 蒸気が滞留しやすい場所での注意事項

第4類危険物を室内で取り扱う際は、蒸気が低所に滞留しないように、低所の蒸気を屋外の高所に排出するとともに、通風・換気を十分に行い、蒸気の濃度が常に燃焼範囲の下限値よりも十分に低くなるようにしなければならない。

 可燃性の蒸気が滞留するおそれのある場所では、火花を発生する機械器具の使用は避け、電気設備は防爆構造*のものとします。

用語 **防爆構造** 電気機器から発生する電気火花や熱による爆発性のガスへの引火を防止する構造。

 覚える！ **重要ポイント**

蒸気が滞留しやすい場所での貯蔵・取扱いの注意事項
- 通風・換気を十分に行う。　●低所の蒸気を屋外の高所に排出する。
- 火花を発生する機械器具の使用は避け、電気設備は防爆構造のものとする。

語呂合わせで覚えよう	可燃性の蒸気が発生する場所での措置

常識的に考えて、
（蒸気）

外の高めで勝負だろ？
（屋外）（高所）

第4類の危険物から蒸気が発生する場所では、蒸気が低所に滞留しないように、屋外の高所に排出する。

3 静電気が発生するおそれがある場合の注意事項

　危険物の流動等により静電気が発生するおそれがある場合は、静電気の蓄積を防ぎ、有効に静電気を除去するために次のような措置を講じ、静電気による火災を防止しなければならない。

①接地導線（アース）により静電気を逃がす。

②床面に散水するなどして湿度を高くする。

③タンクや容器に危険物を注入するときは、なるべく流速を遅くする。

④帯電防止加工*を施した作業服や靴を使用する。

用語 帯電防止加工　合成繊維の表面に導電性の加工剤を付与し、静電気の蓄積を防ぐ加工。

> ガソリンが入っていた移動貯蔵タンクに軽油や灯油を入れる場合は、タンクにガソリンの蒸気が残っていないことを確認してから行います。

覚える！　　**重要ポイント**

静電気の蓄積を防ぐための措置

●接地導線（アース）を設ける。　　●湿度を高くする。

●危険物を注入するときは、なるべく流速を遅くする。

 練 習 問 題

問01　**第4類の危険物に共通する一般的な火災予防の方法として、次のうち正しいものはどれか。**

1　室内で取り扱うときは、低所よりも高所の換気を十分に行う。

2　容器に入れて貯蔵する場合は、液の膨張により容器が破損しないように、ガス抜き口を設ける。

3　屋内で取り扱う場合は、床にくぼみを設けて蒸気が拡散しないようにする。

4　タンクや容器に危険物を注入するときは、なるべく流速を速くし、短時間で作業を終わらせる。

5　可燃性の蒸気が滞留するおそれのある場所で使用する電気設備は、防爆構造のものとする。

解答　5　　　　　　　　　　　　[第4類に共通する火災予防の方法　→ p.173 ～ 175]

1 ×　第4類危険物の蒸気は低所に滞留しやすいので、低所の蒸気を屋外の高所に排出する。

2 ×　液の膨張により容器が破損しないように容器内に若干の空間を残し、容器を密栓して冷暗所に貯蔵する。

3 ×　屋内で取り扱う場合は、蒸気が低所に滞留しないように、低所の蒸気を屋外の高所に排出するとともに、通風・換気を十分に行う。

4 ×　タンクや容器に危険物を注入するときは、なるべく流速を遅くし、静電気の発生を抑える。

5 ○　可燃性の蒸気が滞留するおそれのある場所では、火花を発生する機械器具の使用は避け、電気設備は防爆構造のものとする。

問02　静電気により引火するおそれのある危険物を取り扱う場合の火災予防策として、次のうち誤っているものはどれか。

1　室内で取り扱う場合は、床面に散水するなどして湿度を高くする。

2　作業者は絶縁性のある合成繊維の作業服を着用する。

3　タンクや容器に危険物を注入するときは、なるべく流速を遅くする。

4　ガソリンが入っていた移動貯蔵タンクに軽油や灯油を入れる場合は、タンクにガソリンの蒸気が残っていないことを確認してから行う。

5　危険物を注入するホースに接地導線を設ける。

解答　2　　　　　　　　　　[静電気が発生するおそれがある場合の注意事項　→ p.175]

作業者は、帯電防止加工を施した作業服や靴を使用する。

解法の ポイント！　電気の不良導体や絶縁体、つまり電気が流れにくい（電気抵抗が大きい）物質ほど、静電気が蓄積されやすい。

Lesson04 第 4 類に共通する消火の方法

絶対覚える！
最重要ポイント

第 4 類の消火

① 水による消火は適当でない

② 強化液は、霧状に放射する場合のみ適応する

③ 水溶性の危険物の火災には、通常の泡消火剤は不可

1 第 4 類の危険物の消火方法

　第 4 類危険物の消火では、可燃物の除去による除去消火や、燃焼している危険物の温度を下げる冷却消火を行うことは困難なので、空気の遮断による窒息消火が消火方法の中心となる。使用する消火剤は、霧状の強化液、泡、ハロゲン化物、二酸化炭素、粉末等である。水による消火や、棒状に放射する強化液による消火は適当でない。

■水による消火が適当でない理由

第 4 類危険物の多くは非水溶性で比重が 1 より小さいので、危険物が水に浮いて燃焼面が拡大する

側溝等を伝わって危険物が遠くまで流出し、引火して火災が広がるおそれがある

覚える！　　**重要ポイント**

第 4 類危険物の消火方法

● 水による消火は適さない。

● 強化液は、霧状に放射する場合のみ適応する（棒状は不可）。

第4類の危険物の消火に適応しない消火剤は、水と、棒状の強化液か。使用できない消火剤のほうが少ないから、そっちを覚えるのが早そうね！

プラス+1
理解を
深める！

抑制効果をもつ消火剤

　霧状の強化液消火剤、ハロゲン化物消火剤、粉末消火剤には、窒息効果のほかに、燃焼の連鎖反応を妨げる抑制効果もある。

語呂合わせで覚えよう	第4類の危険物の火災に適応する消火剤

今日解禁の
　　（強化液）

ボージョレヌーボーは
　　（棒状）

飲んじゃダメだよ！
（適応しない）（第4類）

> 強化液消火剤は、棒状に放射する場合は、第4類の危険物の火災には適応しない（霧状に放射する場合は適応する）。

2 水溶性の第4類危険物の消火方法

　第4類危険物には非水溶性のものが多いが、アルコール類のように水溶性のものもある。水溶性の液体は、泡消火剤が形成する泡の膜を溶かしてしまうので、泡が消滅しやすく、泡消火剤による窒息効果が得られない。そのため、水溶性の第4類危険物の消火には、通常の泡消火剤ではなく、水溶性液体用泡消火薬剤（耐アルコール泡消火薬剤）を使用する。

水溶性の第4類危険物には、このようなものがあります。

[水溶性の第4類危険物]

アセトアルデヒド　　酸化プロピレン
アセトン　　ピリジン　　ジエチルアミン
エタノール　　メタノール
ノルマル（n-）プロピルアルコール（1-プロパノール）
イソプロピルアルコール（2-プロパノール）
酢酸　　アクリル酸　　グリセリン

覚える！　重要ポイント

水溶性の第4類危険物の消火

水溶性の第4類危険物の消火には、通常の泡消火剤ではなく、<u>水溶性液体用泡消火薬剤（耐アルコール泡消火薬剤）</u> を使用する。

プラス
理解を
深める！

油火災と電気火災のどちらにも適応する消火剤

　油火災（第4類危険物の燃焼による火災）にも電気火災にも適応する消火剤は、霧状の強化液消火剤、ハロゲン化物消火剤、二酸化炭素消火剤、粉末消火剤である。泡消火剤は、油火災に適応するが、電気火災には適応しない。

> 油火災に使用できる消火剤のうち、電気火災に適応しないのは泡消火剤だけだね。

練 習 問 題

問01

第4類の危険物の火災に使用する消火剤として、次のうち誤っているものはどれか。

1　ガソリンの火災に、泡消火剤を使用した。

2　軽油の火災に、ハロゲン化物消火剤を使用した。

3　重油の火災に、棒状の水を使用した。

4　トルエンの火災に、リン酸塩類の粉末消火剤を使用した。

5　灯油の火災に、二酸化炭素消火剤を使用した。

解答　3　　　　　　　　　　　　　　　　　[第4類の危険物の消火方法　→ p.177]

　第4類の危険物の火災に、**水**による消火は適さない。

Lesson05 特殊引火物

OIL

絶対覚える！最重要ポイント

特殊引火物

① 第4類の危険物の中でも、引火点や発火点が特に低い

② 二硫化炭素は水中に保存する

③ アセトアルデヒド、酸化プロピレンは水によく溶ける

1 特殊引火物の定義

　特殊引火物とは、第4類危険物のうち、ジエチルエーテル、二硫化炭素、その他1気圧において発火点が100℃以下のもの、または引火点が－20℃以下で沸点が40℃以下のものをいう。

> 特殊引火物は、第4類危険物の中でも特に引火点や発火点が低く、きわめて危険性の高い物質です。

2 特殊引火物に含まれる主な物品

●ジエチルエーテル

無色の液体　　比重：0.7　　沸点：34.6℃
引火点：－45℃　　発火点：160℃（文献により180℃）
燃焼範囲：1.9～36vol%（文献により上限48vol%）　　蒸気比重：2.6

[性質]	加熱、衝撃等による爆発のおそれがある。
・水にわずかに溶け、エタノール、二硫化炭素には溶ける。	・蒸気に麻酔性がある。
	[火災予防の方法]
・刺激臭がある。	・直射日光を避け、冷暗所に貯蔵する。
[危険性]	・沸点が低いので、沸点以上にならないように
・日光や空気との接触により過酸化物を生成し、	冷却装置等により温度管理を行う。

●二硫化炭素

無色の液体	比重：1.3	沸点：46℃	引火点：－30℃以下	発火点：90℃

燃焼範囲：1.3 ～ 50vol%　　蒸気比重：2.6

[性質]
・純品はほとんど無臭だが、一般には不純物のため特有の不快臭がある。
・水に溶けず、エタノール、ジエチルエーテルには溶ける。

[危険性]
・蒸気は有毒である。

・燃焼すると、有毒な二酸化硫黄（亜硫酸ガス）を生じる。
・発火点がきわめて低い。

[火災予防の方法]
・ジエチルエーテルに準ずる。
・容器、タンク等に水を張って蒸気の発生を防ぐか、水没させたタンクに貯蔵する。

二硫化炭素は水より重く、水に溶けない。その性質を利用して、水でふたをして蒸気の発生を抑えるのです。

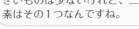

第4類危険物には液比重が1より大きいものは少ないけれど、二硫化炭素はその1つなんですね。

水
二硫化炭素

●アセトアルデヒド

無色の液体	比重：0.8	沸点：21℃	引火点：－39℃	発火点：175℃

燃焼範囲：4.0 ～ 60vol%　　蒸気比重：1.5

[性質]
・刺激臭がある。
・水によく溶け、アルコール、ジエチルエーテルにも溶ける。
・酸化すると酢酸になる。
・油脂などをよく溶かす。

[危険性]
・沸点がきわめて低い。
・蒸気は粘膜を刺激し、有毒である。
・熱、光により分解し、メタンと一酸化炭素を

生じる。
・加圧により爆発性の過酸化物を生成するおそれがある。

[火災予防の方法]
・ジエチルエーテルに準ずる。
・貯蔵する際は、酸化を防ぐために窒素ガス等の不活性ガス*を封入する。
・貯蔵タンク、容器は鋼製のものとする。銅やその合金、金、銀は、爆発性の化合物を生じるおそれがあるので使用しない。

用語 不活性ガス　化学反応を起こしにくい気体。

特殊引火物　05

●酸化プロピレン

無色の液体	比重：0.8	沸点：35℃	引火点：－37℃	発火点：449℃
燃焼範囲：2.3 ～ 36vol%		蒸気比重：2.0		

[性質]
・エーテル臭がある。
・水、エタノール、ジエチルエーテルによく溶ける。

[危険性]
・重合*する性質があり、重合すると熱を発生し、火災、爆発の原因となる。
・銀、銅などの金属に触れると重合が促進される。

・蒸気には刺激性がないが、吸入すると有毒である。
・皮膚に付着すると、凍傷のような症状を生じることがある。

[火災予防の方法]
・ジエチルエーテルに準ずる。
・貯蔵する際は、酸化を防ぐために窒素ガス等の不活性ガスを封入する。

用語 重合　ある化合物の分子が2個以上結合して、もとの化合物の整数倍の分子量をもつ化合物を生成する反応をいう。

特殊引火物に含まれる物品は、燃焼範囲が非常に広いことも特徴です。

覚える！　　重要ポイント

特殊引火物
●二硫化炭素は水中に保存する。　●二硫化炭素の蒸気には毒性がある。
●アセトアルデヒド、酸化プロピレンは水によく溶ける。
●ジエチルエーテルの蒸気には麻酔性がある。

語呂合わせで覚えよう	二硫化炭素の貯蔵方法

煮るか？ タン塩、
（二硫化）　　（炭素）

水に入れて
（水没させて貯蔵）

二硫化炭素は水より重く、水に溶けないので、容器等に水を張って貯蔵し、蒸気の発生を抑える。または、水没させたタンクに貯蔵する。

練習問題

問01　特殊引火物の性状について、次のうち誤っているものはどれか。

1　比重が 1 より大きいものがある。

2　沸点が 40℃以下のものがある。

3　引火点が－ 20℃以下のものがある。

4　発火点が 100℃以下のものはない。

5　水に溶けるものがある。

解答　4　[特殊引火物の定義、特殊引火物に含まれる主な物品　→ p.180 ～ 182]

1○　二硫化炭素の比重は 1.3 で、1 より**大きい**。

2○　ジエチルエーテル、アセトアルデヒド、酸化プロピレンは、いずれも沸点が **40℃以下**である。

3○　ジエチルエーテル、二硫化炭素、アセトアルデヒド、酸化プロピレンは、いずれも引火点が－ **20℃以下**である。

4×　二硫化炭素の発火点は **90℃**である。

5○　アセトアルデヒド、酸化プロピレンは水に**溶ける**。

**解法の
ポイント！**　　特殊引火物の定義（p.180 参照）により、選択肢の 2、3 は正しく、4 は誤りであることがわかる。

問02　ジエチルエーテルの性状について、次のうち誤っているものはどれか。

1　蒸気には麻酔性がある。

2　特有の臭気がある。

3　エタノールには溶けるが、水にはわずかしか溶けない。

4　発火点は 100℃よりも低い。

5　常温（20℃）でも引火するおそれがある。

4　　　　　　　　　　　　　　　　　　　　[ジエチルエーテルの性状　→ p.180]

　ジエチルエーテルの発火点は **160℃**である（文献により 180℃としているものもある）。

問03　**二硫化炭素の性状について、次のうち誤っているものはどれか。**

1　発火点がきわめて低く、100℃以下である。
2　引火点は 0℃より低い。
3　水には溶けない。
4　無色の液体で、純品はほとんど無臭である。
5　蒸気は空気よりも重く、毒性はほとんどない。

5　　　　　　　　　　　　　　　　　　　　　[二硫化炭素の性状　→ p.181]

　二硫化炭素の蒸気は有毒である。

問04　**二硫化炭素を貯蔵する際は、容器、タンク等に水を張って水中に保存する。その理由として正しいものは次のうちのどれか。**

1　可燃性の蒸気が発生するのを防ぐため。
2　不純物の混入を防ぐため。
3　可燃物との接触を防ぐため。
4　空気と接触すると自然発火するため。
5　水と反応して他の安定な化合物となるため。

1　　　　　　　　　　　　　　　　　[二硫化炭素の火災予防の方法　→ p.181]

　二硫化炭素を貯蔵する際は、容器、タンク等に水を張って水中に保存し、蒸気の発生を防ぐ。

OIL

Lesson06 第 1 石油類

絶対覚える！最重要ポイント

第 1 石油類

① ガソリンの燃焼範囲は、1.4 ～ 7.6vol%

② 自動車ガソリンはオレンジ系の色に着色されている

③ ベンゼンはトルエンより引火点が低い

1 第 1 石油類の定義

　第 1 石油類とは、第 4 類危険物のうち、アセトン、ガソリン、その他 1 気圧において引火点が 21℃未満のものをいう。

> 第 1 石油類は、第 4 類危険物の中でも引火点が低く、常温でも引火する危険性がある物質です。

2 第 1 石油類に含まれる主な物品（非水溶性液体）

●ガソリン

比重：0.65 ～ 0.75	沸点：40 ～ 220℃※	引火点：－ 40℃以下※	発火点：約 300℃
燃焼範囲：1.4 ～ 7.6vol%	蒸気比重：3 ～ 4	※自動車ガソリンの値	

[性質]
・特有の臭気がある。
・無色だが、自動車ガソリンはオレンジ系の色に着色してある。
・電気の不良導体である。
・炭素数 4 ～ 10 程度の炭化水素※の混合物である。
・揮発しやすい。

[危険性]
・引火点が非常に低く、きわめて引火しやすい。
・蒸気比重が大きく、低所に滞留しやすい。
・流動等により静電気を発生しやすい。

[火災予防の方法]
・火気を近づけない。
・火花を発生する機械器具などを使用しない。
・通風・換気をよくする。
・容器は密栓し、冷暗所に貯蔵する。
・静電気の蓄積を防ぐ。

用語 炭化水素　炭素原子と水素原子からなる有機化合物の総称。

ガソリンは自動車の燃料として使われる身近な存在だけど、実はとても引火しやすい危険物なんだね。

■ガソリンの蒸気が充満したタンクに灯油を注入した場合の危険性

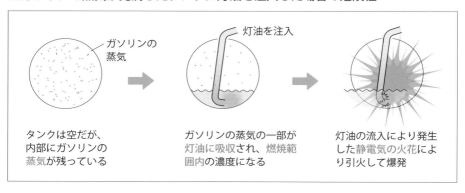

ガソリンの蒸気

灯油を注入

タンクは空だが、内部にガソリンの蒸気が残っている

ガソリンの蒸気の一部が灯油に吸収され、燃焼範囲内の濃度になる

灯油の流入により発生した静電気の火花により引火して爆発

覚える！

重要ポイント

ガソリンの性状等

●蒸気比重は3〜4と大きい。　●燃焼範囲は1.4〜7.6vol%。

●自動車ガソリンはオレンジ系の色に着色されている。

ガソリンであることをわかりやすくするために着色されているのね。

+1

プラス

理解を深める！

ガソリンの種類

　ガソリンには、自動車ガソリン、工業ガソリン、航空ガソリンの3種類がある。消防法上の危険物に含まれるのは、自動車ガソリン、工業ガソリンである。

●ベンゼン

無色の液体	比重：0.9	沸点：80℃	融点：5.5℃	引火点：－11.1℃
発火点：498℃	燃焼範囲：1.2 ～ 7.8vol%	蒸気比重：2.8	

[性質]
・アルコール、ジエチルエーテルなど多くの有機溶剤によく溶ける。
・揮発性芳香がある。
・電気の不良導体である。

[危険性]
・蒸気は有毒で、吸入すると急性または慢性の中毒症状を呈する。
・流動等により静電気を発生しやすい。

[火災予防の方法]
・ガソリンに準ずる。
・冬季に固化したものも引火するおそれがあるので火気に注意する。

●トルエン

無色の液体	比重：0.9	沸点：111℃	融点：－95℃	引火点：4℃
発火点：480℃	燃焼範囲：1.1 ～ 7.1vol%	蒸気比重：3.1	

[性質]
・アルコール、ジエチルエーテルなど多くの有機溶剤によく溶ける。
・特有の臭気がある。
・電気の不良導体である。
・揮発性がある。

[危険性]
・蒸気は有毒だが、毒性はベンゼンよりも低い。
・流動等により静電気を発生しやすい。

[火災予防の方法]
・ガソリンに準ずる。

 覚える！　重要ポイント

ベンゼンとトルエンの比較

ベンゼンとトルエンは多くの点で共通性があるが、ベンゼンはトルエンより蒸気の毒性が強く、引火点が低い。

 ベンゼンとトルエンを比較する問題はよく出題されているので、要チェックです。

●n-ヘキサン

無色の液体	比重：0.7	沸点：69℃	融点：－95℃
引火点：－20℃以下	燃焼範囲：1.1～7.5vol%	蒸気比重：3.0	

[性質]	[危険性]
・かすかな特有の臭気がある。	・トルエンと同様。
・エタノール、ジエチルエーテルなどによく溶ける。	[火災予防の方法]
	・ガソリンに準ずる。

●酢酸エチル

無色の液体	比重：0.9	沸点：77℃	融点：－83.6℃	引火点：－4℃
発火点：426℃	燃焼範囲：2.0～11.5vol%	蒸気比重：3.0		

[性質]	[危険性]
・果実のような芳香がある。	・流動等により静電気を発生しやすい。
・水には少し溶け、ほとんどの有機溶剤に溶ける。	[火災予防の方法]
	・ガソリンに準ずる。

●エチルメチルケトン

無色の液体	比重：0.8	沸点：80℃	融点：－86℃	引火点：－9℃
発火点：404℃	燃焼範囲：1.4~11.4vol%	蒸気比重：2.5		

[性質]	
・アセトンに似た臭気がある。	・アルコール、ジエチルエーテルなどによく溶ける。
・水にわずかに溶ける。	

3 第1石油類に含まれる主な物品（水溶性液体）

●アセトン

無色の液体	比重：0.8	沸点：56℃	引火点：－20℃	発火点：465℃
燃焼範囲：2.5～12.8vol%	蒸気比重：2.0			

[性質]	
・特異臭がある。	・揮発しやすい。
・水によく溶け、アルコール、ジエチルエーテルなどにも溶ける。	

●ピリジン

無色の液体	比重：0.98	沸点：115.5℃	引火点：20℃	発火点：482℃
燃焼範囲：1.8 ～ 12.4vol%		蒸気比重：2.7		

[性質]
・悪臭がある。

・水、アルコール、ジエチルエーテル、アセトンなどと任意の割合で混合する。

●ジエチルアミン

無色の液体	比重：0.7	沸点：57℃	融点：－50℃	引火点：－23℃
発火点：312℃	燃焼範囲：1.8 ～ 10.1vol%		蒸気比重：2.5	

[性質]
・アンモニア臭がある。

・水、アルコールによく溶ける。

第1石油類（水溶性液体）の消火方法

理解を
深める！

　第1石油類の水溶性液体に分類されているアセトン等の火災には、一般用の泡消火剤は適応しない（非水溶性液体に分類されているが水にわずかに溶けるエチルメチルケトンについても同様）。これらの危険物の火災に使用できるのは、水溶性液体用泡消火薬剤（耐アルコール泡消火薬剤）、二酸化炭素、粉末、ハロゲン化物等の消火剤である。また、水を霧状にして用いると冷却と希釈の効果により消火できる。

エチルメチルケトンは、メチルエチルケトン、または2－ブタノンと呼ばれることもあります。

 練 習 問 題

問01　**ガソリンの性状等について、次のうち正しいものはどれか。**

1　自然発火しやすい。　　2　炭化水素の混合物である。

3　無機化合物である。　　4　自動車ガソリンは淡青色に着色されている。

5　電気を通しやすい。

06

第1石油類

2　　　　　　　　　　　　　　　　　　　　　　［ガソリンの性状　→ p.185］

　ガソリンは、炭素数 4 〜 10 程度の炭化水素の混合物である。

　1 は、ガソリンは、自然発火性物質ではない。3 は、ガソリンは、炭化水素を主成分とする混合物である。4 は、自動車ガソリンはオレンジ色に着色されている。5 は、ガソリンは、電気の不良導体である。

問02　ガソリンの性状等について、次のうち誤っているものはどれか。

1　燃焼範囲は、おおむね 1 〜 8 ％である。
2　自動車ガソリンはオレンジ色に着色されている。
3　蒸気比重は 3 〜 4 である。
4　引火点が低く、冬季の屋外でも引火する危険性がある。
5　発火点は 250℃以下である。

解答　5　　　　　　　　　　　　　　　　　　　　　　　［ガソリンの性状　→ p.185］

　ガソリンの発火点は約 300℃である。

問03　トルエンの性状として、次のうち誤っているものはどれか。

1　無色の液体で、特有の芳香がある。
2　アルコールによく溶けるが、水には溶けない。
3　引火点はベンゼンより低い。
4　蒸気は空気より重い。
5　揮発性がある。

解答　3　　　　　　　　　　　　　　　　　　　　　　　［トルエンの性状　→ p.187］

　トルエンの引火点は 4℃、ベンゼンの引火点は− 11.1℃である。

問04　ガソリンが灯油より危険性が高い理由として、次のうち正しいものはどれか。

1　発火点が灯油より高いから。

2　引火点が灯油より低いから。

3　ガソリンは水に溶けないから。

4　揮発性が灯油より低いから。

5　蒸気比重が灯油より大きいから。

解答　2　　　　　　　　　　　　　［ガソリンの性状、灯油の性状　→ p.185、196］

　ガソリンは灯油よりも**引火点が低く**、**常温でも引火の危険性**があるため危険性が高い。

　1は、ガソリンの発火点は灯油より高いが、それは危険性が高い理由とは言えない。**4**の「揮発性が灯油より低い」、**5**の「蒸気比重が灯油より大きい」は事実に反する。

問05　アセトンの性状として、次のうち誤っているものはどれか。

1　水によく溶けるが、アルコールには溶けない。

2　蒸気は空気より重く、低所に滞留する。

3　無色の液体で、特有の臭気がある。

4　沸点は100℃より低い。

5　揮発性がある。

解答　1　　　　　　　　　　　　　　　　　　［アセトンの性状　→ p.188］

　アセトンは水に**よく溶け**、アルコール、ジエチルエーテルなどにも**溶ける**。

Lesson07 アルコール類

絶対覚える！最重要ポイント

アルコール類

① 炭素数3までの飽和1価アルコールである

② メタノール、エタノールの引火点は常温より低い

③ メタノールには**毒性**があるが、エタノールにはない

1 アルコール類の定義

　アルコールとは、メタン、エタンなどの炭化水素の水素原子（H）をヒドロキシ基（－OH）に置き換えた形の化合物の総称である。第4類危険物のアルコール類は、そのうち、炭素数*3までの飽和1価アルコール*（変性アルコール*を含む）と定義されている。ただし、アルコール含有量が60％未満の水溶液は含まれない。

用語 **炭素数** 1分子に含まれる炭素原子の数。
　飽和1価アルコール ヒドロキシ基（－OH）を1つもつアルコールを、1価アルコールという。飽和とは、分子中の原子の結合がすべて単結合であることを意味する。
　変性アルコール 飲用に転用されることを防ぐために、エタノールに変性剤を加えて飲用に適さないようにしたもの。消毒用・工業用アルコールとして使われる。

■メタノールの分子構造

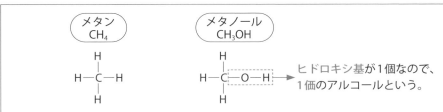

メタン
CH_4

メタノール
CH_3OH

ヒドロキシ基が1個なので、1価のアルコールという。

　メタンは、炭化水素の中で最も単純な分子構造をもち、1個の炭素原子と4個の水素原子からなる。メタノールは、メタンの水素原子1個をヒドロキシ基に置き換えた形の化合物である。

2 アルコール類に含まれる主な物品

●メタノール（メチルアルコール）

無色の液体　比重：0.8　　沸点：64℃　　引火点：11℃　　発火点：464℃
燃焼範囲：6.0 ～ 36vol%　　蒸気比重：1.1

[性質]
・水、エタノール、ジエチルエーテルなど多く
　の有機溶剤によく溶ける。
・有機物をよく溶かし、揮発性がある。
[危険性]
・揮発性が高い。
・引火点が11℃なので、夏季など液温が高いと
　きはガソリン同様の引火の危険性がある。

・毒性がある。
・燃焼しても炎の色が淡く、見えないことがある。
[火災予防の方法]
・火気を近づけない。
・火花を発生する機械器具などを使用しない。
・通風・換気をよくする。
・容器は密栓し、冷暗所に貯蔵する。

●エタノール（エチルアルコール）

無色の液体　比重：0.8　　沸点：78℃　　引火点：13℃　　発火点：363℃
燃焼範囲：3.3 ～ 19vol%　　蒸気比重：1.6

[性質]
・特有の芳香と味がある。
・酒類の主成分である。
・毒性はないが、麻酔性がある。
・その他はメタノールに準ずる。

[危険性]
・毒性はなく、炎はわずかに橙色を示す。
・その他はメタノールに準ずる。
[火災予防の方法]
・メタノールと同様。

 覚える！　　**重要ポイント**

メタノールとエタノールの比較

●メタノールには毒性があるが、エタノールには毒性はなく、麻酔性がある。

●燃焼範囲は、メタノールのほうが広い。

●ともに、引火点は常温（20℃）より低い。

07

アルコール類

お酒の主成分はエタノールなのね。それなら、お酒も危険物に含まれるのかな？

一般に販売されている酒類は、アルコールの含有量が60%未満なので、消防法上の危険物には含まれません。

●ノルマル（n-）プロピルアルコール（1-プロパノール）

無色透明の液体	比重：0.8	沸点：97.2℃	引火点：23℃	発火点：412℃
燃焼範囲：2.1 ～ 13.7vol%		蒸気比重：2.1		

［性質］	［危険性］
・水、エタノール、ジエチルエーテルによく溶ける。	・メタノールに準ずる。 ［火災予防の方法］ ・メタノールと同様。

●イソプロピルアルコール（2-プロパノール）

無色の液体　比重：0.79	沸点：82℃	引火点：12℃	発火点：399℃
燃焼範囲：2.0 ～ 12.7vol%		蒸気比重：2.1	

［性質］	［危険性］
・水、エタノール、ジエチルエーテルによく溶ける。	・メタノールに準ずる。 ［火災予防の方法］ ・メタノールと同様。

プラス

理解を
深める！

アルコール類の分子式

第4類危険物の「アルコール類」に含まれるのは、炭素数3までの飽和1価アルコールである。それぞれの物品の分子式からそのことが確認できる。

- ・メタノール（CH_3OH）→炭素数は1、ヒドロキシ基が1つ
- ・エタノール（C_2H_5OH）→炭素数は2、ヒドロキシ基が1つ
- ・ノルマル（n-）プロピルアルコール（C_3H_7OH）→炭素数は3、ヒドロキシ基が1つ
- ・イソプロピルアルコール（$(CH_3)_2CHOH$）→炭素数は3、ヒドロキシ基が1つ

➡以上は「アルコール類」に分類されている。

- ・n-ブチルアルコール（$CH_3(CH_2)_3OH$）→炭素数は4、ヒドロキシ基が1つ
- ・エチレングリコール（$C_2H_4(OH)_2$）→炭素数は2、ヒドロキシ基が2つ
- ・グリセリン（$C_3H_5(OH)_3$）→炭素数は3、ヒドロキシ基が3つ

➡炭素数が4のn-ブチルアルコールは、消防法上の第4類危険物の「アルコール類」の

定義に当てはまらないので、「第2石油類」に分類されている（p.198参照）。エチレングリコールは2価の、グリセリンは3価のアルコールであり、やはり「アルコール類」に該当しない。これらは「第3石油類」に分類されている（p.203,204参照）。

乙種第4類の試験に合格するためには、このような化学式まで覚える必要はありませんが、炭素数や価数の意味を理解するための参考にしてください。

語呂合わせで覚えよう　　　**メタノール、エタノールの性質**

滅多に会わない、
（メタノール）

毒舌の友から得たのは、
（毒性）　　　　　（エタノール）

まずいメシ
（麻酔性）

メタノールには毒性があるが、エタノールには毒性はなく、麻酔性がある。

練習問題

問01　メタノールの性状として、次のうち誤っているものはどれか。

1　蒸気比重は1より大きい。　　2　常温（20℃）でも引火する。

3　毒性はエタノールより低い。　4　燃焼しても炎が見えないことがある。

5　アルコール類では最も分子量が小さい。

解答　3　　　　　　　　　［メタノールの性状、エタノールの性状　→ p.193］

メタノールには毒性があるが、エタノールには毒性はない。

Lesson08 第 2 石油類

絶対覚える！最重要ポイント

第 2 石油類

① 灯油は、ガソリンと混合すると引火の危険性が増す

② 灯油や軽油は、霧状になって浮遊するときや、布などにしみ込んでいるときは、引火の危険性が増す

1 第 2 石油類の定義

　第 2 石油類とは、第 4 類危険物のうち、灯油、軽油、その他 1 気圧において引火点が 21℃以上 70℃未満のものをいう。

2 第 2 石油類に含まれる主な物品（非水溶性液体）

●灯油

無色または淡黄色の液体　比重：0.8 程度　沸点範囲：145 ～ 270℃
引火点：40℃以上　発火点：220℃　燃焼範囲：1.1 ～ 6.0vol%　蒸気比重：4.5

[性質]
- 特異臭がある。
- 炭素数 11 ～ 13 の炭化水素を主成分とする混合物である。
- 市販の灯油の引火点は 45 ～ 55℃。
- 水に溶けない。
- 油脂などを溶かす。

[危険性]
- 加熱等により液温が引火点以上になると、ガソリン同様の引火の危険性がある。
- 霧状になって浮遊するときや、布などの繊維にしみ込んでいるときは、空気と接触する面積が大きくなるため、引火の危険性が増大する。
- 蒸気比重はガソリンよりさらに大きく、低所に滞留しやすい。
- 流動等により静電気を発生しやすい。
- ガソリンが混合されたものは引火しやすくなる。

[火災予防の方法]
- 火気を近づけない。
- 火花を発生する機械器具などを使用しない。
- 通風・換気をよくする。
- 容器は密栓し、冷暗所に貯蔵する。
- 静電気の蓄積を防ぐ。
- ガソリンと混合させない。

●軽油

淡黄色または淡褐色の液体　比重：0.85程度　　沸点範囲：170 ～ 370℃
引火点：45℃以上　　発火点：220℃　　燃焼範囲：1.0 ～ 6.0vol%　　蒸気比重：4.5

[性質]
・水に溶けない。
・ディーゼル機関の燃料として用いられる。

[危険性]
・灯油と同様。

[火災予防の方法]
・灯油と同様。

 覚える！　**重要ポイント**

灯油の性状…灯油にガソリンを混合すると、引火の危険性が高くなる。

 石油製品が作られる仕組み

理解を
深める！
　ガソリン、灯油、軽油、重油等は、原油を原料とする石油製品である。これらのもとになる成分は、石油精製工場において原油から分留される。

■石油精製のしくみ

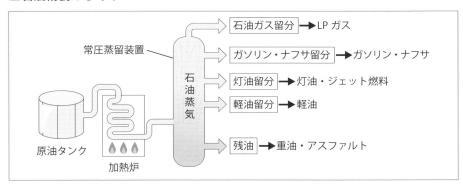

 装置の上のほうからは沸点の低い成分が、下のほうからは沸点の高い成分が取り出されるしくみになっています。

●クロロベンゼン

無色透明の液体　比重：1.1　　融点：－ 44.9℃　　沸点：132℃
引火点：28℃　　燃焼範囲：1.3 ～ 9.6vol%　　蒸気比重：3.9

[性質]
- 水には溶けないが、アルコール、ジエチルエーテルには溶ける。
- 若干の麻酔性がある。

[危険性]
- 加熱等により液温が引火点以上になると、ガソリン同様の引火の危険性がある。
- 霧状になって浮遊するときや、布などの繊維にしみ込んでいるときは、空気と接触する面積が大きくなるため、引火の危険性が増大する。
- 蒸気比重が大きく、低所に滞留しやすい。
- 流動等により静電気を発生しやすい。

[火災予防の方法]
- 火気を近づけない。
- 火花を発生する機械器具などを使用しない。
- 通風・換気をよくする。
- 容器は密栓し、冷暗所に貯蔵する。
- 静電気の蓄積を防ぐ。

●キシレン

無色の液体

	比重	沸点	融点	引火点	発火点
オルトキシレン	0.88	144℃	－ 25.2℃	33℃	463℃
メタキシレン	0.86	139℃	－ 47.7℃	28℃	527℃
パラキシレン	0.86	138℃	13.2℃	27℃	528℃

	燃焼範囲	蒸気比重
オルトキシレン	1.0 ～ 6.0vol%	3.66
メタキシレン	1.1 ～ 7.0vol%	3.66
パラキシレン	1.1 ～ 7.0vol%	3.66

[性質]
- 特有の臭気がある。
- オルトキシレン、メタキシレン、パラキシレンの3つの異性体*がある。

[危険性]
- クロロベンゼンと同様。

[火災予防の方法]
- クロロベンゼンと同様。

用語 異性体　分子式が同じだが、分子間の構造が異なるために性質の異なる化合物。

●n-ブチルアルコール

無色透明の液体　比重：0.8　沸点：117.3℃
引火点：37℃　発火点：343℃　燃焼範囲：1.4 ～ 11.2vol%

[性質]
- 多量の水には溶け込むが、部分的に溶け残る。

[危険性]
- 灯油に準ずる。

[火災予防の方法]
- 灯油に準ずる。

3 第2石油類に含まれる主な物品（水溶性液体）

●酢酸

無色透明の液体	比重：1.05	沸点：118℃	融点：16.7℃	
引火点：39℃	発火点：463℃	燃焼範囲：4.0 〜 19.9vol%		蒸気比重：2.1

［性質］
・刺激臭がある。
・約17℃以下になると凝固する。
・水、エタノール、ジエチルエーテル、ベンゼンによく溶ける。
・エタノールと反応して酢酸エチルを生成する。
・水溶液は弱い酸性を示す。

［危険性］
・金属やコンクリートを腐食する有機酸である。
・水溶液は高純度品よりも腐食性が強い。

・皮膚を炎症させ火傷を生じる。
・濃い蒸気を吸入すると粘膜を刺激し、炎症を起こす。

［火災予防の方法］
・火気を近づけない。
・火花を発生する機械器具などを使用しない。
・通風・換気をよくする。
・容器は密栓し、冷暗所に貯蔵する。
・コンクリートを腐食させるので、床などにアスファルト等の腐食しない材料を用いる。

食酢の主成分は酢酸で、濃度は3〜5%程度です。

●プロピオン酸

無色透明の液体	比重：1.00	沸点：140.8℃
引火点：52℃	発火点：465℃	蒸気比重：2.56

［性質］
・刺激臭がある。
・水、アルコール、ジエチルエーテル、ベンゼンによく溶ける。
・水溶液は弱い酸性を示す。

［危険性］
・強い腐食性を有する有機酸である。
・皮膚に触れると火傷を生じる。
・濃い蒸気を吸入すると粘膜を刺激し、炎症を起こす。

［火災予防の方法］
・酢酸と同様。

●アクリル酸

無色透明の液体　比重：1.06　　沸点：141℃
引火点：51℃　　発火点：438℃　　蒸気比重：2.45

[性質]	[危険性]
・酢酸のような刺激臭がある。	・プロピオン酸と同様。
・水、ベンゼン、アルコール、ジエチルエーテル、	[火災予防の方法]
アセトンによく溶ける。	・酢酸と同様。
・水溶液は弱い酸性を示す。	・貯蔵容器は、内面をポリエチレンでライニン
	グしたものやステンレス鋼等を用いる。

 練 習 問 題

問01　灯油の性状として、次のうち誤っているものはどれか。

1　流動等により静電気を発生しやすい。

2　霧状のとき引火しやすい。　　3　水によく溶ける。

4　引火点は 40℃以上である。　　5　水より軽い。

解答　3　　　　　　　　　　　　　　　　　　　［灯油の性状　→ p.196]

灯油は水に溶けない。

問02　軽油の性状として、次のうち誤っているものはどれか。

1　水より軽い。　　2　沸点は水よりも低い。

3　水に溶けない。　　4　引火点は 45℃以上である。

5　ディーゼルエンジンの燃料として用いられる。

解答　2　　　　　　　　　　　　　　　　　　　［軽油の性状　→ p.197]

軽油の沸点は 170 〜 370℃で、水より高い。

Lesson09 第3石油類・第4石油類

絶対覚える！最重要ポイント

第3石油類
第4石油類

① A重油（1種）、B重油（2種）は引火点60℃以上

② C重油（3種）は引火点70℃以上

③重油は燃焼時の液温が高く、火災になると消火が困難

1 第3石油類の定義

　第3石油類とは、第4類危険物のうち、重油、クレオソート油、その他1気圧において、引火点が70℃以上200℃未満のものをいう。

重油は、船舶、ボイラー、火力発電所などの燃料として使われています。

2 第3石油類に含まれる主な物品（非水溶性液体）

●重油

褐色または暗褐色の粘性のある液体　　比重：0.9〜1.0（一般に水よりやや軽い）	
沸点：300℃以上　　引火点：60〜150℃　　発火点：250〜380℃	

[性質]	[危険性]
・動粘度*により、1種（A重油）、2種（B重油）、3種（C重油）に分類されている。 ・日本産業規格により、A重油、B重油は引火点60℃以上、C重油は70℃以上と規定されている。	・加熱しないかぎり引火の危険性は低いが、霧状になったものは引火点以下でも引火するおそれがある。 ・不純物として硫黄が含まれ、燃焼すると有害な二酸化硫黄ガスが発生する。

・燃焼時の液温が高く、火災になると消火が困難である。	[火災予防の方法] ・火気を近づけない。 ・容器は密栓し、冷暗所に貯蔵する。

用語 動粘度　粘度は流体の粘性を表す値で、粘性率ともいう。動粘度は、粘度を流体の密度で割った値。

覚える！　　**重要ポイント**

重油の性状…重油は、燃焼時の液温が高く、火災になると消火が困難である。

引火点が高いということは、温度が高くなければ燃えないのだから…、つまり、燃えているときは液温がとても高くなるということですね。

ガソリンや灯油、軽油などにくらべると引火しにくいけれど、いったん燃え始めると、大きな火災につながる危険性があるね！

語呂合わせで覚えよう	重油の引火点

えーっ！？　自由すぎ！
　（A）　　　　（重油）

美女も　驚く柔道
（B 重油も）　（60℃）

A 重油、B 重油の引火点は 60℃以上、C 重油は 70℃以上である。

●クレオソート油

黄色または暗緑色の液体　比重：1.0以上　　沸点：200℃以上 引火点：73.9℃　　発火点：336.1℃

[性質]
・水に溶けないが、アルコール、ベンゼン等に溶ける。
[危険性]
・加熱しないかぎり引火の危険性は低いが、霧状になったものは引火点以下でも引火するお

それがある。
・燃焼温度が高い。
・蒸気は有害である。
[火災予防の方法]
・重油と同様。

●アニリン

無色または淡黄色の液体　比重：1.01　　沸点：184.6℃
引火点：70℃　　発火点：615℃　　蒸気比重：3.2

[性質]
- 特異臭がある。
- 通常は、光や空気の作用により褐色に変化している。
- 水に溶けにくいが、エタノール、ジエチルエーテル、ベンゼン等によく溶ける。

[危険性]
- クレオソート油と同様。

[火災予防の方法]
- 重油と同様。

●ニトロベンゼン

淡黄色または暗黄色の液体　比重：1.2　　沸点：211℃　　融点：5.8℃
引火点：88℃　　発火点：482℃　　燃焼範囲：1.8 ～ 40vol%　　蒸気比重：4.3

[性質]
- 芳香がある。
- 水に溶けにくいが、エタノール、ジエチルエーテル等に溶ける。

[危険性]
- 加熱しないかぎり引火の危険性は低い。
- 蒸気は有毒である。

[火災予防の方法]
- 重油と同様。

3 第3石油類に含まれる主な物品（水溶性液体）

●エチレングリコール

粘性の大きい無色透明の液体　比重：1.1　　沸点：197.9℃
引火点：111℃　　発火点：398℃　　蒸気比重：2.1

[性質]
- 甘味がある。
- 水、エタノール等に溶けるが、ガソリン、軽油、灯油、ベンゼン等には溶けない。
- ナトリウムと反応して水素を発生する。
- 2価のアルコールである（p.194参照）。

[危険性]
- 加熱しないかぎり引火の危険性は低い。

[火災予防の方法]
- 火気を近づけない。
- 容器は密栓する。

09

第3石油類・第4石油類

●グリセリン

無色の液体　比重：1.3　　沸点：291℃（分解）　　融点：18.1℃
引火点：199℃　　発火点：370℃　　蒸気比重：3.1

[性質]
・甘味がある。
・粘性がある。
・水、エタノールに溶けるが、二硫化炭素、ガ
　ソリン、軽油、灯油、ベンゼン等には溶けない。
・ナトリウムと反応して水素を発生する。

・吸湿性を有する。
・3価のアルコールである（p.194～195参照）。
[危険性]
・エチレングリコールと同様
[火災予防の方法]
・エチレングリコールと同様。

覚える！　　重要ポイント

エチレングリコール、グリセリンの性状

●比重が1より<u>大きい</u>（水より<u>重い</u>）。
●エチレングリコールは<u>2</u>価の、グリセリンは<u>3</u>価のアルコールである。

4 第4石油類の定義と主な物品

　第4石油類とは、第4類危険物のうち、ギヤー油、シリンダー油、その他1気圧
において引火点が200℃以上250℃未満のものをいう。ただし、可燃性液体の量が
40％以下のものは除外される。

　第4石油類には、工作機械などに使用される潤滑油（絶縁油、タービン油、マシ
ン油、切削油等）や、プラスチック、合成ゴム等に添加する可塑剤などが含まれて
いる。

　第4石油類の一般的な性状等は次のとおりである。

[性質]
・一般に水より軽い。　・水に溶けない。
・粘り気が大きい。　　・常温（20℃）では揮発しにくい。
・酸、アルカリと反応する。
[危険性]
・引火点は高いが、燃焼時の液温が高く、火災になると消火が困難である。

 練 習 問 題

問01　**重油の性状として、次のうち誤っているものはどれか。**

1　水に溶けない。　　2　褐色または暗褐色の液体である。

3　水より重い。　　4　C重油の引火点は70℃以上である。

5　発火点は100℃より高い。

解答　3　　　　　　　　　　　　　　　　　　　[重油の性状　→ p.201]

　重油の比重は 0.9 〜 1.0 で、一般に水よりやや軽い。

問02　**グリセリンの性状として、次のうち誤っているものはどれか。**

1　2価のアルコールである。　　2　無色の液体である。

3　吸湿性を有する。　　　　　　4　発火点は100℃より高い。

5　ガソリン、灯油、軽油、ベンゼンには溶けない。

解答　1　　　　　　　　　　　　　[グリセリンの性状　→ p.204]

　グリセリンは、3価のアルコールである。

問03　**第4石油類について、次のうち誤っているものはどれか。**

1　一般に水より軽い。　　2　常温（20℃）では揮発しにくい。

3　水に溶けない。　　　　4　引火点は第3石油類より低い。

5　潤滑油、切削油等に該当するものが多く含まれる。

解答　4　　　　　　　　　　　　[第4石油類の性状等　→ p.204]

　第4石油類の引火点は 200℃以上 250℃未満で、第3石油類より高い。

Lesson10 動植物油類

OIL

絶対覚える！
最重要ポイント

動植物油類

①布などにしみ込んだものは**自然発火**することがある

②ヨウ素価の大きい**乾性油は自然発火**しやすい

1 動植物油類の定義と主な物品

　動植物油類とは、第4類危険物のうち、動物の脂肉等または植物の種子もしくは果肉から抽出したもので、1気圧において引火点が**250℃未満**のものをいう。

　第4類危険物の動植物油類に該当するものには、ツバキ油、オリーブ油、ヒマシ油、ゴマ油、ナタネ油、綿実油、アマニ油、キリ油等がある。

　動植物油類の一般的な性状等は次のとおりである。

[性質]
・比重は約**0.9**で、水より**軽い**。　・水に溶けない。　・一般に不飽和脂肪酸*を含む。

[危険性]
・布などにしみ込んだものは酸化、発熱し、**自然発火**することがある。
・燃焼時の液温が**高く**、火災になると消火が困難である。

不飽和脂肪酸*を多く含む油のことを
乾性油*といいます。不飽和脂肪酸の
量はヨウ素価*という値で示されます。

今まで出てこなかった新しい言葉
が、急にたくさん出てきたわね…。

用語　**不飽和脂肪酸**　分子中に1つ以上の不飽和炭素結合（二重結合、三重結合）をもつ脂肪酸。
　　　乾性油　不飽和脂肪酸を多く含む（ヨウ素価の大きい）油で、空気中に放置すると徐々に
　　　酸化されて固化する性質がある。
　　　ヨウ素価　油脂100gに吸収されるハロゲンの量を、ヨウ素のグラム数で表した値。ヨウ素
　　　価が大きいほど不飽和度、乾燥性が高い。

■動植物油類の自然発火とヨウ素価

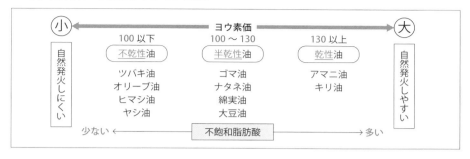

■油脂類が自然発火する原因

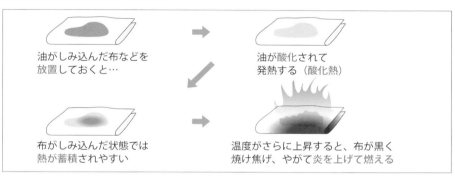

油がしみ込んだ布などを
放置しておくと…

➡

油が酸化されて
発熱する（酸化熱）

布がしみ込んだ状態では
熱が蓄積されやすい

➡

温度がさらに上昇すると、布が黒く
焼け焦げ、やがて炎を上げて燃える

 覚える！　重要ポイント

動植物油類の性状…ぼろ布などにしみ込んだ乾性油は、自然発火しやすい。

語呂合わせで覚えよう	動植物油類の性状

完成してみると、
（乾性油）

予想外に大きかった…
（ヨウ素価）（大きい）

乾性油はヨウ素価が大きく、不飽和脂肪酸を多く含み、酸化されやすく、動植物
油類では最も自然発火しやすい。

練習問題

問01 動植物油類の性状として、次のうち誤っているものはどれか。

1 水に溶けない。
2 布などにしみ込んだものは酸化、発熱し、自然発火することがある。
3 燃焼時の液温が高く、火災になると消火が困難である。
4 水より軽い。
5 引火点は 300℃以上である。

解答 5 ［動植物油類の性状 → p.206］

第 4 類危険物の動植物油類に含まれるのは、引火点が **250℃未満**のものである。

問02 動植物油類の自然発火について、次のうち誤っているものはどれか。

1 ヨウ素価が大きいものほど自然発火しやすい。
2 発火点が高いものほど自然発火しにくい。
3 熱が蓄積されやすい状態にあるほど自然発火しやすい。
4 乾性油より不乾性油のほうが自然発火しやすい。
5 換気が良好であるほど自然発火しにくい。

解答 4 ［動植物油類の性状 → p.207］

不乾性油より**乾性油**のほうが自然発火しやすい。

Lesson11 第4類危険物に関する事故事例と対策

OIL

絶対覚える！ 最重要ポイント	①危険物が漏れていないか確認する
	②危険物の流出を防ぐ
事故事例と対策	③火気や静電気による引火を防ぐ
	④事故が起きた場合は、被害を最小限にとどめる

●事故事例1

> 　給油取扱所において、従業員が固定給油設備を使用してガソリンを給油中に、ホース機器の一部が著しく汚れていることに気づいた。汚れを拭き取って点検したところ、ホースが摩耗し、ガソリンがわずかに漏れていることがわかった。

［事故防止のための正しい対策］

・固定給油設備は、定期的に前面カバーを取り外して点検を行う。

・点検の際は、配管、ポンプ、流量計、ホース、ノズル等の各部分とそれらの接続部を目視により確認し、変形や損傷、危険物の漏出の有無を調べる。

・固定給油設備の各部分に著しく汚れている部分がないか確認する。油ごみ等が付着している場合は、その付近から危険物が漏れているおそれがあるので、汚れを拭き取ってからよく調べる。

・固定給油設備の内部及び周囲は、点検しやすいように常に清掃しておく。

・給油中は危険物の吐出状態に注意し、ノズルから気泡が出ていないか確認する。

・固定給油設備の下部ピットは、内側を防水モルタル等で被覆し、危険物が流出しても地下に浸透しにくいように措置を講じること。アスファルトは油に溶けるので適さない。

> 危険物の少しずつの漏れも、大きな事故につながる場合があります。日常の点検を怠らず、異常をいちはやく発見することが重要です。

●事故事例2

地下タンク貯蔵所において、移動タンク貯蔵所から灯油の荷卸しを行ったが、作業員が地下タンクの注入口を間違えたために、タンクの計量口から灯油があふれ、地盤面に流出した。

［事故防止のための正しい対策］
・荷卸し作業は、必ず、受入れ側、荷卸し側双方の立会いのもとで行う。
・複数の地下タンクがある場合は、注入ホースを結合する際に、注入口を間違えないよう注意し、荷卸しを開始する前に再度確認する。
・注入ホースと地下タンクの注入口が確実に接続されていることを確認する。
・荷卸し作業を行う前に、地下タンクの残油量と、移動貯蔵タンクからの荷卸量を確認し、地下タンクの空き容量が十分であることを確かめる。
・地下タンクの計量口は、計量を行うとき以外は常に閉鎖しておく。
・地下タンクの通気管は、タンク内の圧力の上昇を防ぐために、常に開放しておく。

●事故事例3

ドラム缶に詰めた危険物をトラックに積んで運搬していたところ、運転手が急ブレーキをかけたために、荷台の上でドラム缶が倒れて破損し、危険物が路上に流出した。

［事故防止のための正しい対策］
・運搬容器は、基準に適合したものを使用する。
・運搬容器は必ず密栓し、収納口を上方に向けて積載する。
・運搬容器が転落、落下、転倒、または破損しないように積載する。
・運転手は、急ブレーキをかけずにすむように、常に安全運転を心掛ける。

危険物を積載して運搬するときは特に、運転に注意しなければいけないね。

●事故事例4

> 顧客に給油等をさせる給油取扱所（セルフ型スタンド）において、顧客が給油を行うために自動車燃料タンクの給油口のキャップを緩めた際に、噴出したガソリンの蒸気が静電気の放電により引火し、火災が発生した。

［事故防止のための正しい対策］

・固定給油設備のホースおよびノズルの導通を良好に保つ。

・給油口キャップを開ける前に、自動車の金属部分などに触れて静電気を逃がす。

・顧客用固定給油設備のホース機器等の直近および見やすい場所に、静電気除去に関する事項を表示する。

・地盤面に適時散水を行い、人体等に帯電している静電気を逃がしやすくする。

> 静電気の蓄積を防ぐには、導電性をよくすること、湿度を高くすることなどが有効でしたね。

●事故事例5

> 移動タンク貯蔵所でガソリンを移送している途中で、タンクからガソリンが漏れていることに気づいた。

［事故が起きた場合の正しい措置］

・安全な場所を選んで速やかに停車し、エンジンを停止する。

・土、砂などを用いて、流出したガソリンが拡散するのを防ぐ。

・周囲での火気の使用を制限する。

・消火器を風上側に設置する。

・応急措置を講ずるとともに、消防機関等に通報する。

> 事故を起こさないようにすることがもちろん重要ですが、万一事故が起きてしまった場合は、できるかぎり被害を小さくするように努めなければなりません。

練習問題

問01 給油取扱所において、固定給油設備から危険物が流出する事故に対する防止策として、次のうち誤っているものはどれか。

1　固定給油設備の前面カバーを定期的に取り外し、ポンプおよび配管に漏れがないか点検する。

2　ポンプおよび配管の一部に著しく油ごみ等が付着しているときは、その付近から危険物が漏れている疑いがあるので重点的に点検を行う。

3　固定給油設備のポンプ周囲および下部ピット内は、点検しやすいように常に清掃しておく。

4　固定給油設備の下部ピットは、危険物が流出しても地下に浸透しないように、内側をアスファルトで被覆しておく。

5　給油中は吐出状態を確認し、ノズルから空気（気泡）を吐き出していないか確認する。

解答　4　　　　　　　　［給油取扱所の固定給油設備（事故事例1）　→ p.209］

　固定給油設備の下部ピットは、危険物が流出しても地下に浸透しないように、内側を**防水モルタル**などで被覆しておく（**アスファルトは油に溶けるので適さない**）。

問02 移動タンク貯蔵所から地下タンク貯蔵所に危険物を注入する際に危険物が流出する事故に対する防止策として、次のうち誤っているものはどれか。

1　荷卸し作業は、受入れ側、荷卸し側双方の立会いのもとに行う。

2　注入ホースを結合する際に、注入口に誤りがないか確認する。

3　地下タンクの計量口が開放されていることを確認する。

4　移動貯蔵タンクの荷卸量と、注入する地下貯蔵タンクの残油量を確認する。

5　注入ホースと注入口がきちんと接続されているかどうか確認する。

解答　3　　　　　　　　［地下タンク貯蔵所への危険物の注入（事故事例2）　→ p.210］

　地下タンクの計量口は、計量するとき以外は**閉鎖**しておく。

乙種第 4 類危険物取扱者
模擬試験問題［2 回分］

問題中に使用した略語は、次のとおりです。

法　　　令 ……	消防法、危険物の規制に関する政令	
	または危険物の規制に関する規則	
規　　　則 ……	危険物の規制に関する規則	
製 造 所 等 ……	製造所、貯蔵所または取扱所	
市 町 村 長 等 ……	市町村長、都道府県知事または総務大臣	
免　　　状 ……	危険物取扱者免状	
所 有 者 等 ……	所有者、管理者または占有者	

※試験時間、合格基準は p.6 参照

【問 01】法令上、危険物についての説明として、次のうち正しいものはどれか。

1　危険物は、酸化性固体、可燃性固体、自然発火性物質および禁水性物質、引火性固体、自己反応性物質、酸化性液体に区分されている。

2　危険物は、別表第一の品名欄に掲げる物品で、同表に定める区分に応じ同表の性質欄に掲げる性状を有するものをいう。

3　液化石油ガスは、危険物に該当する。

4　危険物はその類の数が大きくなるほど、危険性が高くなる。

5　危険物は、火災危険性の他、人体に対する毒性危険を判断するための試験によって判定される。

【問 02】法令上、予防規程の記述について、次の A ～ E のうち正しいもののみの組合せはどれか。

A　予防規程の内容は、危険物の貯蔵または取扱いの技術上の基準に適合していなければならない。

B　予防規程は、危険物保安監督者が作成し、市町村長等の認可を受けなければならない。

C　移動タンク貯蔵所を除くすべての製造所等は、予防規程を定めなければならない。

D　予防規程を定めなければならない製造所等で、それを定めていない場合、罰則の適用を受ける場合がある。

E　予防規程を変更したときは、市町村長等の認可を受けなければならない。

1　A B D　　　2　A C D　　　3　B C E
4　C D E　　　5　A D E

【問 03】現在、重油を 500L 貯蔵している。これと同一の場所に貯蔵した場合、指定数量以上とみなされるものは次のうちどれか。

1　ガソリン　100L　　2　軽油　700L　　3　アルコール類　300L

4　ジエチルエーテル　30L　　5　シリンダー油　4,200L

【問04】法令上、次の文の【　】内の A、B に当てはまる語句の組合せとして、次のうち正しいものどれか。

「屋外貯蔵所で貯蔵または取り扱うことができる危険物は、第 2 類の危険物のうち【A】、または【A】のみを含有するもの、もしくは引火性固体（引火点が 0℃以上のものに限る。）または第 4 類の危険物のうち第 1 石油類（引火点が 0℃以上のものに限る。）、【B】、第 2 石油類、第 3 石油類、第 4 石油類もしくは動植物油類である。」

	【A】	【B】
1	黄りん	特殊引火物
2	マグネシウム	特殊引火物
3	硫化りん	アルコール類
4	硫黄	アルコール類
5	金属粉	特殊引火物

【問05】法令上、製造所等に設置する消火設備の区分について、次のうち正しいものはどれか。

1　消火設備は、第 1 種から第 6 種までに区分されている。

2　小型消火器は、第 4 種の消火設備である。

3　第 4 類の危険物に適応する消火設備が第 4 種の消火設備に区分される。

4　乾燥砂は、第 5 種の消火設備である。

5　泡を放射する大型消火器は、第 3 種の消火設備である。

【問06】製造所の位置および構造、設備の技術上の基準について、次のうち正しいものはどれか。

1　指定数量の倍数が 5 以上の製造所には、日本産業規格に基づき避雷設備を設けなければならない。

2　可燃性蒸気等が滞留するおそれのある建築物には、その可燃性蒸気等を屋外の高所に排出する設備を設ける。

3　危険物を取り扱う建築物の屋根は、不燃材料で造るとともに金属板等の軽量

な不燃材料でふき、天井を設けなければならない。

4　危険物を取り扱う建築物は地階を有してもよい。

5　危険物を取り扱う建築物の窓、および出入口は防火設備とし、延焼のおそれのある部分以外の窓にガラスを用いる場合は、網入ガラスを用いなくともよい。

【問07】法令上、製造所等の仮使用の説明として、次のうち正しいものはどれか。

1　製造所等を変更する場合に、工事が終了した部分を、市町村長等の承認を受け完成検査前に仮に使用すること。

2　指定数量以上の危険物を、所轄消防長または消防署長の承認を受けて、10日以内に限り製造所等以外の場所で仮に貯蔵すること。

3　定期点検中の製造所等を10日以内の期間、仮に使用すること。

4　製造所等を変更する場合に、変更の工事に係る部分の全部または一部を、市町村長等の承認を受け仮に使用すること。

5　製造所等を変更する場合に、変更の工事に係る部分以外の部分の全部または一部を、市町村長等の承認を受け完成検査前に仮に使用すること。

【問08】法令上、市町村長等から製造所等の許可の取消しを命じられる内容として、次のA～Eのうち、該当するもののみの組合せはどれか。

A　危険物の貯蔵・取扱い基準の遵守命令に違反したとき。

B　製造所等に対する、修理、改造または移転の命令に従わなかったとき。

C　予防規程を制定しなければならない製造所等が、予防規程を制定していなかったとき。

D　設備の完成検査を受けずに、屋内貯蔵所を使用したとき。

E　製造所等の危険物取扱者が、危険物取扱者免状の返納命令に従わなかったとき。

1　A D　　　2　A C　　　3　B D　　　4　C E　　　5　D E

【問09】法令上、製造所等の定期点検について、次のうち誤っているものはどれか。

1　地下タンク貯蔵所は、定期点検を実施しなければならない。

2　指定数量の倍数が 10 以上の一般取扱所は定期点検を実施しなければならない。

3　地下貯蔵タンク、地下埋設配管、移動貯蔵タンクの漏れの有無を確認する点検は、危険物取扱者の立会いがあれば実施できる。

4　点検記録は、一定期間保存しなければならない。

5　定期点検は、1 年に 1 回以上行わなければならない。

【問 10】法令上、免状に関する説明として、次のうち正しいものはどれか。

1　免状を汚損した場合は、居住地もしくは勤務地の都道府県知事に、汚損した免状を添付し再交付の申請を行う。

2　免状の交付を受けている者は、3 年に 1 回免状の更新手続きを行わなければならない。

3　免状は、それを取得した都道府県の区域内に限り有効である。

4　免状の再交付後に、亡失した免状を発見した場合は、10 日以内に、再交付を受けた都道府県知事に再交付を受けた免状を返納しなければならない。

5　免状の書換えは、免状を交付した都道府県知事、または居住地もしくは勤務地を管轄する都道府県知事に申請を行う。

【問 11】法令上、危険物の品名、指定数量の倍数に関わりなく、危険物保安監督者を定めなければならない製造所等は、次のうちどれか。

1　屋内タンク貯蔵所　　　2　屋外貯蔵所　　　3　屋内貯蔵所

4　販売取扱所　　　　　　5　給油取扱所

【問 12】法令上、危険物施設保安員について、次のうち正しいものはどれか。

1　甲種または乙種の危険物取扱者の中から選任しなければならない。

2　危険物保安監督者が病欠等で職務を行うことができない場合は、危険物施設保安員が危険物の取扱いの保安に関する業務の監督を代行する。

3　製造所等が貯蔵または取扱いに関する技術上の基準に適合するように維持するため、定期点検や臨時点検を実施し、記録および保存をする。

4　危険物施設保安員は、製造所等の予防規程を定めなければならない。

5　製造所等の計測装置、制御装置、安全装置等の機能が適正に保持されるよう

に保安管理を行う。

【問 13】 法令上、軽油 30L 入りのプラスチック製の軽油用運搬容器の表示で、運搬容器の外部に表示する表示事項として規則で定められていないものは、次のうちどれか。

1　軽油　　　　　2　プラスチック製　　3　危険等級Ⅲ
4　火気厳禁　　5　30L

【問 14】 法令上、製造所等における危険物の貯蔵・取扱いの技術上の基準として、次のうち正しいものはどれか。

1　許可もしくは届出された数量、または指定数量の倍数を超える危険物を一時的に貯蔵し、取り扱う場合は、10 日以内でなければならない。
2　貯留設備または油分離装置にたまった危険物は、希釈してから排出しなければならない。
3　危険物のくず、かす等は、1 週間に 1 回以上、廃棄その他適当な処置をしなければならない。
4　常に整理および清掃を行い、みだりに空箱その他の不必要な物件を置いてはならない。
5　可燃性の微粉が著しく浮遊するおそれのある場所で火花を発する機械器具を使用する場合は、換気に注意して行わなければならない。

【問 15】 法令上、危険物の危険性の程度に応じて区分される危険等級について、次のうち危険等級Ⅱに区分されないものはどれか。

1　ベンゼン　　　　2　エタノール　　　　3　アセトン
4　重油　　　　　　5　トルエン

【問 16】 物質の状態変化の説明について、次のうち誤っているものはどれか。

1　氷が溶けて水になる。……融解
2　蒸気がメガネについてメガネがくもった。……凝縮
3　洋服タンスに入れたナフタレンが自然になくなる。……昇華
4　洗濯物が乾く。……蒸発

5　水が固まって氷になった。……凝縮

【問 17】 比熱 c、質量 m とする物質の熱容量 C を表す式は、次のうちどれか。

1　$C = c^2 m$　　　2　$C = cm^2$　　　3　$C = cm$
4　$C = c^2 / m$　　5　$C = m / c$

【問 18】 液温 0℃のガソリン 1,000L を温めていくと、1,020L になった。このときのガソリンの液温に最も近いものは、次のうちどれか。ただし、ガソリンの体膨張率は $1.35 \times 10^{-3} K^{-1}$ とし、ガソリンの蒸発は考えないものとする。

1　3℃　　　2　7℃　　　3　11℃　　　4　15℃　　　5　18℃

【問 19】 静電気について、次のうち誤っているものはどれか。

1　静電気は、人体にも帯電する。
2　引火性液体に静電気が帯電すると、電気分解を起こす。
3　接地（アース）は、静電気による災害防止策の 1 つである。
4　静電気火花は可燃性物質の熱源になる。
5　ノコギリを使ったときの切り粉の付着は、静電気現象である。

【問 20】 単体、化合物および混合物について、次のうち誤っているものはどれか。

1　塩化ナトリウム水溶液は、塩化ナトリウムと水の化合物である。
2　水は、電気分解により水素と酸素に分解するので化合物である。
3　硫黄や銅は、1 種類の元素からできているので、単体である。
4　酸素とオゾンは、単体である。
5　ガソリンは、種々の炭化水素の混合物である。

【問 21】 次の文の（　）内の A 〜 E に当てはまる語句の組合せとして、正しいものはどれか。

「塩酸は、（A）なので、pH は 7 より（B）、また水酸化ナトリウムの水溶液は（C）なので、pH は 7 より（D）。塩酸と水酸化ナトリウム水溶液を反応させると塩化ナトリウムと水ができるが、この反応を（E）という。」

	A	B	C	D	E
1	塩基	大きい	酸	小さい	中和
2	酸	小さい	塩基	大きい	酸化
3	塩基	大きい	酸	小さい	還元
4	酸	小さい	塩基	大きい	中和
5	塩基	大きい	酸	小さい	酸化

【問 22】 有機物の官能基と物質の組合せとして、次のうち誤っているものはどれか。

1 ヒドロキシ基……メタノール

2 ニトロ基……ニトロベンゼン

3 カルボキシ基……酢酸

4 アミノ基……アニリン

5 スルホ基（スルホン酸基）……安息香酸

【問 23】 燃焼について、次のうち誤っているものはどれか。

1 燃焼とは、熱と光の発生を伴う酸化反応をいう。

2 物質の燃焼には、可燃物、酸素供給体、熱源の三要素が必要である。

3 酸素は非常に燃えやすい物質である。

4 燃焼は、物質が酸素との接触面積の大きいものほど燃えやすい。

5 木炭の燃焼は、木炭がその表面で、熱分解も蒸発も起こさずに、高温を保ちながら酸素と反応して燃焼する。

【問 24】 次に掲げる物質のそれぞれについて、可燃性蒸気 14L と空気 100L を均一に混合する。それぞれの混合気体に熱源を近づけたとき、燃焼するものとして正しいもののみの組合せはどれか。なお（ ）内は、燃焼範囲（爆発範囲）を示す。

ガソリン（1.4 ～ 7.6vol%）　　エタノール（3.3 ～ 19vol%）

アセトン（2.5 ～ 12.8vol%）　　灯油（1.1 ～ 6.0vol%）

二硫化炭素（1.3 ～ 50vol%）　　ベンゼン（1.2 ～ 7.8vol%）

1 ガソリン　エタノール

2　エタノール　ベンゼン

3　灯油　二硫化炭素

4　ガソリン　エタノール　アセトン

5　エタノール　アセトン　二硫化炭素

【問 25】 次の第 4 類の危険物で、水溶性液体用泡消火薬剤の使用が適当でないものはどれか。

1　二硫化炭素

2　アセトアルデヒド

3　アセトン

4　エタノール

5　ピリジン

【問 26】 危険物の類ごとに共通する性状として、次のうち正しいものはどれか。

1　第 1 類の危険物は、還元性の強い不燃性の固体である。

2　第 2 類の危険物は、引火性を有する固体または液体である。

3　第 3 類の危険物は、固体または液体で、多くのものは禁水性と自然発火性の両方を有する。

4　第 5 類の危険物は、そのもの自体は燃焼しないが、他の物質を酸化する。

5　第 6 類の危険物は、可燃性の固体である。

【問 27】 第 4 類の危険物の一般的な性状として、次のうち誤っているものはどれか。

1　すべて可燃性の液体で、水に溶けないものが多い。

2　液体の比重は、1 より小さいものが多い。

3　蒸気の比重は、1 より小さいものが多い。

4　電気の不良導体で、静電気を蓄積しやすいものが多い。

5　引火点を有する。

【問 28】 ガソリンの火災の消火方法として、次のうち誤っているものはどれか。

1　二酸化炭素消火剤は効果的である。

2　棒状に放射する水は効果的でない。

3　霧状に放射する強化液は効果的である。

4　ハロゲン化物消火剤は効果的でない。

5　泡消火剤は効果的である。

【問 29】次の第 4 類危険物のうち、消火方法として一般の泡消火剤が適さないものはどれか。

1　アセトン

2　ガソリン

3　灯油

4　トルエン

5　ベンゼン

【問 30】二硫化炭素を貯蔵する際に、容器、タンク等に水を張って水没させる理由として正しいものは次のうちどれか。

1　可燃物との接触を防ぐため。

2　不純物の混入を防ぐため。

3　水と反応して安定な化合物となるため。

4　空気と接触して自然発火するのを防ぐため。

5　可燃性の蒸気が発生するのを防ぐため。

【問 31】ガソリンの性状等について、次のうち誤っているものはどれか。

1　水より軽い。

2　蒸気は空気より重い。

3　引火点は常温（20℃）より低い。

4　燃焼範囲の下限値は 3vol％より大きい。

5　発火点は約 300℃である。

【問 32】灯油の性状として、次のうち誤っているものはどれか。

1　水に溶けない。

2　常温（20℃）でも引火する。

3　霧状になって浮遊するときは引火しやすい。

4　ガソリンと混合すると引火の危険性が高くなる。

5　流動等により静電気を発生しやすい。

【問 33】動植物油類の自然発火について、次のうち誤っているものはどれか。

1　布などにしみ込んだものは自然発火することがある。

2　ヨウ素価が小さいものほど自然発火しやすい。

3　乾性油は不乾性油より自然発火しやすい。

4　発火点が高いものほど自然発火しにくい。

5　酸化熱が蓄積されることにより自然発火する。

【問 34】引火点の低いものから高いものの順に並んでいるものは、次のうちどれか。

1　灯油　　　　→ ガソリン　　→ ベンゼン → 重油

2　エタノール → ガソリン　　→ 灯油　　　→ 重油

3　ガソリン　　→ 灯油　　　　→ ギヤー油 → 重油

4　ガソリン　　→ エタノール → 灯油　　　→ 重油

5　エタノール → ガソリン　　→ 灯油　　　→ ギヤー油

【問 35】顧客に給油等をさせる給油取扱所（セルフ型スタンド）において、顧客が給油を行うために自動車燃料タンクの給油口キャップを緩めた際に、噴出したガソリンの蒸気が静電気の放電により引火し、火災が発生した。このような事故を防止するための対策として、次のうち適切でないものはどれか。

1　固定給油設備のホースおよびノズルの導通を良好に保つ。

2　固定給油設備のホース機器等の直近および見やすいところに、静電気除去に関する事項を表示する。

3　静電気が蓄積されないように、給油口キャップを開放する前は金属等に触れないようにする。

4　地盤面に適時散水を行い、人体等に帯電している静電気を逃がしやすくする。

5　給油取扱所の従業員等は、帯電防止服および帯電防止靴を着用する。

【問01】 法令上、次の文の（A）〜（C）内に当てはまる語句の組合せとして、次のうち正しいものはどれか。

「アルコール類とは、1分子を構成する炭素の原子の数が（A）までの飽和（B）アルコール（変性アルコールを含む）をいい、含有量が（C）の水溶液を除く。」

	（A）	（B）	（C）
1	1個から3個	1価	50%以上
2	2個から4個	2価	50%未満
3	3個から4個	2価	60%以上
4	1個から3個	1価	60%未満
5	2個から4個	1価	60%未満

【問02】 法令上、製造所等の区分の一般的な説明として、次のうち正しいものはどれか。

1　給油取扱所……固定給油設備により自動車の燃料タンクまたは鋼製ドラム等の運搬容器に直接給油するためガソリンを取り扱う取扱所

2　屋外貯蔵所……屋外にあるタンクで危険物を貯蔵し、または取り扱う貯蔵所

3　製造所……大量の重油等を使用するボイラー施設などの施設

4　移動タンク貯蔵所……自動車または鉄道の車両に固定されたタンクで危険物を貯蔵または取り扱う貯蔵所

5　第1種販売取扱所……店舗で容器入りのまま指定数量の倍数が15以下の危険物を販売する取扱所

【問03】 法令上、耐火構造の隔壁によって完全に区分された3室をもつ屋内貯蔵所において、次のA、B、Cの危険物をそれぞれの室で貯蔵するとき、この屋内貯蔵所は指定数量の何倍の危険物を貯蔵することになるか。

A　トルエン　500L　　B　酢酸　10,000L　　C　エタノール　1,000L

1　5倍　　　　2　10倍　　　　3　12倍　　　　4　15倍　　　　5　18倍

【問 04】法令上、製造所等から一定の距離（保安距離）を保たねばならない対象物
　　　　は、次のうちどれか。

1　製造所の存する敷地と同一の敷地内に存する住宅

2　幼稚園

3　重要文化財である美術品を保管する倉庫

4　大学、短期大学

5　使用電圧が 7,000V を超える特別高圧埋設電線

【問 05】法令上、製造所等に消火設備を設置する場合の所要単位の計算方法として、
　　　　次のうち誤っているものはどれか。

1　製造所において、外壁が耐火構造の建築物は、延べ面積 100m^2 を 1 所要単
　　位とする。

2　製造所において、外壁が不燃材料で造られた建築物は、延べ面積 50m^2 を 1
　　所要単位とする。

3　貯蔵所において、外壁が耐火構造の建築物は、延べ面積 150m^2 を 1 所要単
　　位とする。

4　貯蔵所において、外壁が不燃材料で造られた建築物は、延べ面積 75m^2 を 1
　　所要単位とする。

5　危険物の数量は、指定数量の 100 倍を 1 所要単位とする。

【問 06】法令上、給油取扱所の改修工事として認められるものは、次のうちどれか。

1　排水性向上のため、給油空地の地盤面にアスファルトで舗装する。

2　給油の需要に対応するため、20,000L の専用タンクを地下に埋設する。

3　隣接する倉庫への行き来をしやすくするため、給油取扱所の周囲の防火塀に
　　出入口を作り、特定防火設備を設ける。

4　固定給油設備の給油ホースを全長 4m のものから全長 6m に付け替える。

5　給油等のために給油取扱所に出入りする者を対象とした店舗（コンビニ）を
　　診療所に改修する。

【問 07】法令上、市町村長等から製造所等の許可の取消しもしくは使用停止命令の
どちらかを命じられる内容に該当するもののみの組合せとして、次のう
ち正しいものはどれか。

A 移動タンク貯蔵所の危険物取扱者が、法令で定める保安の講習を受講してい
ないとき。

B 危険物の貯蔵・取扱い基準の遵守命令に違反したとき。

C 製造所等の用途の廃止の届出を怠ったとき。

D 製造所等の位置、構造または設備を無許可で変更したとき。

E 危険物保安監督者を定めたが、選任の届出を怠ったとき。

1 A B   2 B C   3 B D
4 B D E   5 C D E

【問 08】法令上、次の文の（　）内の A ～ C に当てはまる語句の組合せとして、
正しいものはどれか。

「製造所等（移送取扱所を除く）を設置するためには、消防本部および消防署
を置く市町村の区域では当該（A）、その他の区域では当該区域を管轄する（B）
の許可を受けなければならない。また、工事完了後には許可内容どおり設置され
ているかどうか（C）を受けなければならない。」

	（A）	（B）	（C）
1	消防署長	市町村長	完成検査
2	消防長	都道府県知事	機能検査
3	市町村長	都道府県知事	完成検査
4	市町村長	都道府県知事	機能検査
5	消防長または消防署長	市町村長	完成検査

【問 09】法令上、製造所等が市町村長等から使用停止命令を命じられる事由として、
次のうち該当しないものはどれか。

1 定期点検が必要な製造所等について、規定の期間内に定期点検を実施しな
かったとき。

2　危険物保安統括管理者を定めなければならない製造所等で、それを定めないとき。

3　基準に違反している製造所等に対する、修理、改造または移転の命令に従わないとき。

4　製造所等で危険物を取り扱う危険物取扱者が、危険物取扱者免状の返納を命じられたとき。

5　危険物の貯蔵・取扱い基準の遵守命令に違反したとき。

【問10】法令上、製造所等における危険物取扱者に関する記述として、次のうち誤っているものはどれか。

1　危険物取扱者は、危険物の取扱作業に従事するときは、危険物の貯蔵または取扱いの技術上の基準を遵守し、その危険物の保安の確保について細心の注意を払わなければならない。

2　指定数量未満の危険物を危険物取扱者以外の者が取り扱う場合は、甲種または乙種危険物取扱者が立ち会わなくてもよい。

3　丙種危険物取扱者は、危険物取扱者以外の者の危険物の取扱いに立ち会うことはできない。

4　甲種危険物取扱者は、すべての類の危険物を取り扱うことができる。

5　丙種危険物取扱者は、第4類の危険物のすべてを取り扱えるわけではない。

【問11】法令上、保安に関する検査について、次のうち正しいもののみの組合せはどれか。

A　保安検査は、特定の屋外タンク貯蔵所のみが検査対象である。

B　検査項目には、液体危険物タンクの底部の板の厚さおよび溶接部についての項目がある。

C　製造所等の所有者、管理者または占有者が自ら行う検査である。

D　原則として、特定屋外タンク貯蔵所は10年に1回、特定の移送取扱所は8年に1回、保安検査を行う。

E　定期に受ける定期保安検査と、不等沈下など特定の事由が発生した場合に受ける臨時保安検査の2種類がある。

1 AB　　2 AD　　3 BC　　4 BE　　5 CE

【問 12】法令上、製造所等における危険物保安監督者の業務について、次のうち義務づけられていないものはどれか。

1　火災および危険物の流出等の事故が発生した場合は、作業者を指揮して応急の措置を講ずるとともに、直ちに消防機関等に連絡すること。

2　製造所等の位置、構造または設備の変更その他法に定める諸手続きに関する業務を行うこと。

3　危険物の取扱作業の実施に際し、当該作業が貯蔵または取扱いの技術上の基準等に適合するように、作業者に対し必要な指示を与えること。

4　製造所等の予防規程に定められている事項を、作業者に対し徹底させるよう保安の教育を行う。

5　危険物施設保安員を置く製造所等にあっては、危険物施設保安員に必要な指示を与えること。

【問 13】法令上、移動タンク貯蔵所による危険物の貯蔵・取扱いおよび移送について、次のうち正しいものはどれか。

1　甲種危険物取扱者の資格を所有している者が移動タンク貯蔵所の所有者である場合は、危険物取扱者が乗車しなくてもよい。

2　危険物取扱者の乗車が義務づけられているのは、危険等級Ⅰの危険物を移送する場合のみである。

3　移送をする者は、移動貯蔵タンクの底弁、マンホールおよび注入口のふた、消火器等の点検を１月に１回以上に行わなければならない。

4　積載型以外の移動貯蔵タンクの容量は、50,000L 以下とする。

5　危険物を移送する移動タンク貯蔵所は、移送する危険物を取り扱うことができる危険物取扱者が乗車するとともに、危険物取扱者免状を携帯しなくてはならない。

【問 14】法令上、指定数量以上の数量の危険物を同一の車両で運搬する場合、混載が禁止されているものはどれか。

1　第 1 類の危険物と第 6 類の危険物

2　第 2 類の危険物と第 4 類の危険物

3　第 4 類の危険物と第 5 類の危険物

4　第 4 類の危険物と第 6 類の危険物

5　第 5 類の危険物と第 2 類の危険物

【問 15】法令上、危険物の取扱いのうち、消費および廃棄の技術上の基準として、次のうち誤っているものはどれか。

1　吹付塗装作業は、防火上有効な隔壁等で区画された安全な場所で行わなければならない。

2　燃焼または爆発により他に危害または損害を及ぼすおそれが大きいので、燃焼による危険物の廃棄は行ってはならない。

3　バーナーを使用する場合においては、バーナーの逆火を防ぎ、かつ、危険物があふれないようにしなければならない。

4　埋没する場合は、危険物の性質に応じ、安全な場所で行わなければならない。

5　危険物は、原則として、海中または水中に流出させ、または投下してはならない。

【問 16】熱の移動について、次のうち誤っているものはどれか。

1　ストーブに近づくと、ストーブに向いている体の面が熱くなるのは、熱の伝導によるものである。

2　沸騰しているお湯の入ったやかんの取っ手が熱くなるのは、熱の伝導によるものである。

3　沸かした風呂の湯を混ぜずに入ったら、下のほうが冷たかったのは、熱の対流によるものである。

4　太陽で地球上の物が温められ温度が上昇するのは、熱の放射によるものである。

5　針金の一方の端をろうそくの火で加熱していると、やがて反対側の端も熱くなっていくのは、熱の伝導によるものである。

【問 17】静電気について、次のうち誤っているものはどれか。

1　静電気は摩擦電気ともいわれ、一般に、電気の不導体同士を摩擦すると発生

する。
2　テレビやパソコン画面のほこりの付着は、静電気現象である。
3　エボナイト棒を毛皮でこすると、その棒に紙の小片が引きつけられるのは静電気現象である。
4　静電気は金属にも発生する。
5　引火性液体に静電気が蓄積すると、蒸発しやすくなる。

【問 18】次の組合せのうち、同素体のみの組合せはどれか。
A　黒鉛（グラファイト）とダイヤモンド
B　一酸化炭素と二酸化炭素
C　酸素とオゾン
D　ノルマルブタンとイソブタン
E　過酸化水素と水

1　A B　　　2　A C　　　3　B E　　　4　C D　　　5　D E

【問 19】原子の構造について、次のうち誤っているものはどれか。
1　原子は、原子核とその周りにある電子で構成されている。
2　原子核は正の電気を、電子は負の電気を帯びている。
3　原子核は、普通、正の電気をもつ陽子と電気的に中性な中性子からできている。
4　原子は、原子全体としては電気的に中性である。
5　原子は、陽子の数と電子の数は一致しない。

【問 20】元素の周期表について、次のうち正しいものはどれか。
1　元素の周期表の縦の列を周期、横の列を族という。
2　典型元素のうち、周期表の横の列が同じ元素は、似たような性質を有することが多い。
3　ハロゲン族は、1価の陽イオンになりやすい。
4　貴ガスは、ほとんど化学反応を起こさない。
5　水素（H）を除く1族の元素をアルカリ土類金属元素、ベリリウム（Be）、

マグネシウム（Mg）を除く2族の元素をアルカリ金属元素という。

【問21】エタノールが完全燃焼したときの化学反応式として、次のうち正しいものはどれか。

1　$2\,C_2H_5OH + 6\,O_2 \longrightarrow 4\,CO_2 + 5\,H_2O$

2　$3\,C_2H_5OH + 3\,O_2 \longrightarrow 3\,CO_2 + 2\,H_2O$

3　$C_2H_5OH + 3\,O_2 \longrightarrow 2\,CO_2 + 3\,H_2O$

4　$C_2H_5OH + O_2 \longrightarrow 2\,CO_2 + 3\,H_2O$

5　$2\,C_2H_5OH + 2\,O_2 \longrightarrow 2\,CO_2 + H_2O$

【問22】反応熱について、次のうち誤っているものはどれか。

1　化学反応に伴って発生または吸収する熱（熱量）を反応熱という。

2　反応の際、熱を吸収する反応を発熱反応といい、熱を発生する反応を吸熱反応という。

3　反応熱の単位は〔kJ／mol〕で表す。

4　燃焼熱は1molの物質が完全燃焼するときの反応熱である。

5　反応熱には、燃焼熱のほかに生成熱や中和熱などがある。

【問23】酸化剤、還元剤について、次のうち誤っているものはどれか。

1　他の物質を酸化することができる物質を酸化剤という。

2　他の物質を還元することのできる物質を還元剤という。

3　酸化剤は自身は還元され、還元剤は自身は酸化される。

4　普通、酸素や硝酸は酸化剤であり、水素やシュウ酸は還元剤である。

5　酸化剤としてはたらくか還元剤としてはたらくかは、反応の組合せによって異なる場合はない。

【問24】地中に埋設された鋼製配管を電気化学的な腐食から守るために、異種金属と接続する方法がある。次のA～Eの金属のうち、防食効果のあるものの正しい組合せはどれか。

A　鉛　　　B　銀　　　C　マグネシウム　　　D　アルミニウム　　　E　亜鉛

```
1   C  D  E        2   B  C  D         3   A  B  C
4   A  D  E        5   A  B  E
```

【問 25】火災とそれに適応した消火器の組合せとして、次のうち誤っているものは どれか。

1   電気設備の火災……水（霧状）消火器
2   木材等の火災………強化液消火器
3   電気設備の火災……泡消火器
4   電気設備の火災……二酸化炭素消火器
5   石油類の火災………粉末（リン酸塩類）消火器

【問 26】第 1 類から第 6 類の危険物の性状等について、次のうち誤っているものは どれか。

1   単体、化合物、混合物の 3 種類がある。
2   常温（20℃）において、気体、液体、または固体のものがある。
3   比重が 1 より大きいものも、1 より小さいものもある。
4   そのもの自体は燃焼しないが、他の可燃物の燃焼を促進するものがある。
5   水と接触すると発火し、もしくは可燃性ガスを発生するものがある。

【問 27】第 4 類の危険物の貯蔵・取扱いの一般的な注意事項として、次のうち誤っ ているものはどれか。

1   みだりに蒸気を発生させない。
2   火気を近づけない。
3   容器に若干の空間を残し、密栓して冷暗所に貯蔵する。
4   室内で取り扱う際は、通風・換気を十分に行う。
5   室内で取り扱う際は、蒸気を屋外の低所に排出する。

【問 28】静電気により引火するおそれのある危険物を取り扱う場合の火災予防策と して、次のうち誤っているものはどれか。

1   危険物を注入するホースに接地導線を設ける。
2   室内で取り扱う場合は、床面に散水するなどして湿度を高くする。

3　作業者は、帯電防止加工を施した作業服や靴を着用する。

4　タンクや容器に危険物を注入するときは、なるべく流速を速くする。

5　ガソリンが入っていた移動貯蔵タンクに軽油や灯油を注入する際は、タンクに可燃性の蒸気が残留していないことを確認してから行う。

【問 29】アセトアルデヒドの性状について、次のうち誤っているものはどれか。

1　水によく溶け、アルコールにも溶ける。

2　熱、光により分解する。

3　油脂等をよく溶かす。

4　加圧により爆発性の過酸化物を生じるおそれがある。

5　常温（20℃）では引火の危険性はない。

【問 30】ベンゼンとトルエンの性状として、次のうち誤っているものはどれか。

1　どちらも無色の液体である。　　2　どちらも毒性がある。

3　引火点はトルエンのほうが低い。　4　どちらも水に溶けない。

5　どちらもアルコールに溶ける。

【問 31】メタノールの性状として、次のうち誤っているものはどれか。

1　沸点はエタノールより低い。　　2　常温（20℃）で引火する。

3　燃焼範囲は、エタノールより広い。　4　毒性はエタノールより低い。

5　燃焼しても炎の色が淡く、見えないことがある。

【問 32】重油の性状として、次のうち誤っているものはどれか。

1　動粘度により、1種（A重油）、2種（B重油）、3種（C重油）に分類されている。

2　一般に水より重い。

3　褐色または暗褐色の粘性のある液体である。

4　引火点は 60℃以上である。

5　沸点は 300℃以上である。

【問 33】 動植物油類の性状として、次のうち誤っているものはどれか。

1 一般に水より軽く、水に溶けない。
2 不飽和脂肪酸を多く含むものは自然発火する危険性が高く、不乾性油と呼ばれる。
3 燃焼時の液温が高く、火災になると消火が困難である。
4 引火点は 250℃未満である。
5 布などにしみ込んだものは自然発火するおそれがある。

【問 34】 常温（20℃）以下において引火の危険性があるものの組合せは、次のうちどれか。

1 ガソリン　　エタノール　　　　　灯油
2 ガソリン　　ジエチルエーテル　　ギヤー油
3 ガソリン　　ベンゼン　　　　　　アセトアルデヒド
4 ガソリン　　トルエン　　　　　　重油
5 ベンゼン　　トルエン　　　　　　酢酸

【問 35】 次のうち、どちらも水に溶けない危険物の組合せはどれか。

1 アセトアルデヒド　メタノール
2 アセトン　　　　　軽油
3 酸化プロピレン　　ピリジン
4 ベンゼン　　　　　灯油
5 ガソリン　　　　　グリセリン

索　引

索引 か－た

索引 た―れ

本書の正誤情報等の最新情報は、下記のアドレスでご確認ください。
http://www.s-henshu.info/o4kgt2409/

上記掲載以外の箇所で正誤についてお気づきの場合は、**書名・発行日・質問事項（該当ページ・行数・問題番号などと誤りだと思う理由）・氏名・連絡先**を明記のうえ、お問い合わせください。
・webからのお問い合わせ：上記アドレス内【正誤情報】へ
・郵便またはFAXでのお問い合わせ：下記住所またはFAX番号へ
※**電話でのお問い合わせはお受けできません。**

> ［宛先］コンデックス情報研究所
> 『乙種第4類危険物取扱者テキスト&問題集』係
> 住　所：〒359-0042　所沢市並木3-1-9
> FAX番号：04-2995-4362（10:00〜17:00　土日祝日を除く）

※**本書の正誤以外に関するご質問にはお答えいたしかねます。**また、受験指導などは行っておりません。
※ご質問の受付期限は、各試験日の10日前必着といたします。
※回答日時の指定はできません。また、ご質問の内容によっては回答まで10日前後お時間をいただく場合があります。
あらかじめご了承ください。

■ 編　　著：コンデックス情報研究所
　1990年6月設立。法律・福祉・技術・教育分野において、書籍の企画・執筆・編集、大学および通信教育機関との共同教材開発を行っている研究者・実務家・編集者のグループ。

■ 執筆代表：江部明夫
　1933年生まれ。日本大学工学部卒。甲種危険物取扱者。一般毒物劇物取扱者。1994年東京都立砧工業高等学校校長を定年退職。その後、各種専門学校等の講師として、「危険物取扱者」や「毒物劇物取扱者」の資格取得の受験対策講座を担当。現在、キバンインターナショナルよりネット動画で「危険物取扱者（乙種第4類）頻出問題集講座」や「毒物劇物取扱者（一般）受験対策講座」を配信中。

■ イラスト：ひらのんさ

1回で受かる! 乙種第4類危険物取扱者テキスト&問題集

2024年11月20日発行

編　著　コンデックス情報研究所

発行者　深見公子

発行所　成美堂出版
　　　　〒162-8445　東京都新宿区新小川町1-7
　　　　電話(03)5206-8151　FAX(03)5206-8159

印　刷　株式会社フクイン

1回で受かる！
乙種第4類
危険物取扱者
テキスト＆問題集

別冊

模擬試験
解答・解説編

※矢印の方向に引くと
　解答・解説が取り外せます。

別冊
解答・解説編

成美堂出版

模擬試験 ［第 1 回］

問 01　危険物の定義と分類
【解答　　2】

1×　危険物は、酸化性固体、可燃性固体、自然発火性物質および禁水性物質、**引火性液体**、自己反応性物質、酸化性液体に区分される。

2○　危険物は、**別表第一の品名欄**に掲げる物品で、同表に定める区分に応じ同表の**性質欄に掲げる性状**を有するものをいう。

3×　液化石油ガスは、**1 気圧、20℃で気体である**ため、消防法上の危険物に**該当しない。**

4×　危険物はその**性質**に応じて、第 1 類から第 6 類までに分類されている。類の数と危険性の高さには**関連はない。**

5×　消防法上の危険物の危険性を判定する試験の要素には**火災危険性**（引火点測定試験など）はあるが、人体に対する毒性危険を判断するための試験などはない。

［本冊 p.8 ～ 9］

問 02　予防規程
【解答　　5】

A、D、E が正しい。

B は、予防規程は**製造所等の所有者**等が作成する。C は、予防規程を定めなければならない製造所等は、製造所等の**区分**、貯蔵または取り扱う**危険物**

の**数量**により定められており、「**移動タンク貯蔵所を除くすべての製造所等**」が**対象ではない。**

［本冊 p.27 ～ 28、75］

問 03　指定数量
【解答　　3】

重油の指定数量は 2,000L、したがって重油の指定数量の倍数は 500 ÷ 2000 = **0.25**。これと合計した倍数が**1 以上**となるものが、重油 500L と同一の場所に貯蔵して**指定数量以上**とみなされる。

1×　ガソリン（指定数量 200L）100 ÷ 200 = **0.5**

2×　軽油（指定数量 1,000L）700 ÷ 1000 = **0.7**

3○　アルコール類（指定数量 400L）300 ÷ 400 = **0.75**

4×　ジエチルエーテル（指定数量 50L）30 ÷ 50 = **0.6**

5×　シリンダー油（指定数量 6,000L）4200 ÷ 6000 = **0.7**

［本冊 p.11 ～ 12］

問 04　屋外貯蔵所で貯蔵できる危険物
【解答　　4】

屋外貯蔵所で貯蔵または取り扱うことができる危険物は、第 2 類の危険物のうち**硫黄**、または**硫黄**のみを含有するもの、もしくは引火性固体（引火点が 0℃以上のものに限る。）または第 4 類の危険物のうち第 1 石油類（引

火点が 0℃ 以上のものに限る。）、**アルコール類**、第 2 石油類、第 3 石油類、第 4 石油類もしくは動植物油類である。

[本冊 p.39]

問 05　消火設備
【解答　　4】

1 × 　消火設備は、**第 1 種**から**第 5 種**に区分されている。

2 × 　小型消火器は、**第 5 種**の消火設備である。

3 × 　消火設備は、危険物の類により区分されるのではなく、**消火能力**の大きさなどにより区分される。

4 ○ 　乾燥砂は、**第 5 種**の消火設備である。

5 × 　泡を放射する大型消火器は、**第 4 種**の消火設備である。

[本冊 p.55]

問 06　製造所の基準
【解答　　2】

1 × 　指定数量の倍数が **10 以上**の製造所には、日本産業規格に基づき**避雷設備**を設けなければならない。

2 ○ 　**可燃性蒸気**等が**滞留**するおそれのある建築物には、その可燃性蒸気等を**屋外の高所に排出**する設備を設ける。

3 × 　危険物を取り扱う建築物の屋根は、**不燃材料**で造るとともに金属板等の**軽量**な不燃材料でふく。

天井については、設置の有無に関する基準は**定められていない**。

4 × 　危険物を取り扱う建築物は**地階を有しない**ものであること。

5 × 　危険物を取り扱う建築物の窓、および出入口は**防火設備**とし、窓や出入口にガラスを用いる場合は、すべて**網入ガラス**とする。

[本冊 p.37 〜 38]

問 07　仮使用
【解答　　5】

2 は、**仮貯蔵・仮取扱い**に該当する。4 は、「変更の工事に係る部分**以外の部分の**」が正しい。

[本冊 p.17]

問 08　許可の取消し
【解答　　3】

B、D が正しい。

A は、**使用停止命令**を命じられる内容に該当する。C は、許可の取消し、使用停止命令を命じられる内容に該当せず、**罰金等の罰則規定**が定められている。E も、許可の取消し、使用停止命令を命じられる内容に該当しない。危険物取扱者が消防法の規定に違反したときには、免状を交付した都道府県知事から免状の返納を命じられることがある。この危険物取扱者**免状の返納命令**に従わない場合は、**罰金等の罰則規定**が定められている。

[本冊 p.75]

問09　定期点検
【解答　　3】

　タンクや配管の漏れの有無を確認する点検、**固定式の泡消火設備**に関する点検は、点検の実施者が限定されている。それぞれ、点検の方法に関する知識および技能を有する者、泡の発泡機構、泡消火薬剤の性状および性能の確認等に関する知識および技能を有する者が点検しなくてはならず、**危険物取扱者**自らが点検する場合であってもこれに該当しない者は点検を**実施することはできない。**

［本冊 p.30 ～ 32］

問10　危険物取扱者免状
【解答　　5】

1 ×　免状を汚損した場合は、**免状の交付、書換え**を受けた都道府県知事に、汚損した免状を添付し再交付の申請を行う。

2 ×　危険物取扱者免状は、氏名、住所、写真（10 年を経過）など記載事項に変更が生じたときの**書換え**は必要であるが、運転免許証のような**資格の更新**の制度はない。

3 ×　免状は、それを取得した都道府県の区域内だけでなく**全国で有効**である。

4 ×　免状の再交付後に、亡失した免状を発見した場合は、**10 日以内**に、**再交付**を受けた都道府県知事

に、**発見した免状を返納しなけれ**ばならない。

5 ○　免状の書換えは、**免状を交付し**た都道府県知事、または**居住地**もしくは**勤務地**を管轄する都道府県知事に申請を行う。

［本冊 p.20］

問11　危険物保安監督者の選任を必要とする製造所等
【解答　　5】

　2の**屋外**貯蔵所は、指定数量 30 倍**を超える**施設が対象となる。

　危険物保安監督者の選任を必要とする製造所等の問題は、危険物の数量・種類に関係なく、選任を必要とする 4 施設（製造所、屋外タンク貯蔵所、給油取扱所、移送取扱所）、選任を必要としない 1 施設（移動タンク貯蔵所）を覚えておけば、正解できる。「選任しなくてもよいところはどこか」と問われた場合は、「移動タンク貯蔵所」が該当する。

　また、余裕があれば次の 2 点も覚えておくと、試験でもあわてずに対応できる。

[選任を必要とする施設]
・屋外貯蔵所（指定数量30倍を超える）
・一般取扱所（容器の詰め替え等を除く）※数量は関係なし

［本冊 p.25］

問12　危険物施設保安員
【解答　　5】

1 ×　危険物施設保安員の選任にあたっては、定められた**資格はない**。
2 ×　いかなる場合も、**危険物施設保安員が危険物の取扱いの保安**に関する業務の**監督を代行することはできない**。
3 ×　製造所等の**構造および設備**を技術上の基準に適合するように維持するため、定期点検や臨時点検を実施し、記録および保存をする。
4 ×　予防規程を定めるのは、**製造所等の所有者**、管理者または占有者である。
5 ○　製造所等の計測装置、制御装置、安全装置等の機能が適正に保持されるように**保安管理**を行う。

［本冊 p.26、27］

問13　運搬容器の基準
【解答　　2】

危険物の運搬容器の外部に表示する表示事項として、**容器の材質**の表示は、規則で定められていない。

［本冊 p.69］

問14　貯蔵・取扱いの基準
【解答　　4】

1 ×　製造所等において、**許可もしくは届出**された**品名**以外の危険物またはこれらの**許可もしくは届**出された**数量もしくは指定数量の倍数**を超える危険物を貯蔵し、または取り扱ってはならない。危険物の品名、数量、または指定数量の倍数を変更する場合は、**10日前**までに**市町村長等に届け出**なければならない。
2 ×　貯留設備または油分離装置にたまった危険物は、あふれないように**随時くみ上げ**なければならない。
3 ×　危険物のくず、かす等は、**1日に1回以上**、廃棄その他適当な処置をしなければならない。
4 ○　常に整理および清掃を行い、みだりに空箱その他の**不必要な物件**を置いてはならない。
5 ×　可燃性の微粉が著しく浮遊するおそれのある場所では、火花を発する機械器具を**使用してはならない**。

［本冊 p.59］

問15　危険等級
【解答　　4】

4の重油（第3石油類）は**危険等級Ⅲ**に区分される。

1のベンゼン（第1石油類）、2のエタノール（アルコール類）、3のアセトン（第1石油類）、5のトルエン（第1石油類）は**危険等級Ⅱ**に区分される。

［本冊 p.68］

問 16　物質の状態変化
【解答　　5】

　水が固まって氷になるのは**凝固**である。

［本冊 p.78 〜 79］

問 17　熱容量
【解答　　3】

　比熱 c、質量 m の物質の熱容量 C を表す式は、**$C = cm$** である。

［本冊 p.85］

問 18　液体の熱膨張
【解答　　4】

　液体の体膨張の関係式（膨張後の全体積）$V = Vo \times (1 + \alpha \Delta t)$ により求める。ただし、$V =$ 膨張後の全体積〔L〕、$Vo =$ 膨張前のもとの体積〔L〕、$\alpha =$ 体膨張率〔K^{-1}〕、$\Delta t =$ 温度差〔℃〕（膨張後の温度 t_2 −もとの温度 t_1）。

　この式に、題意の数値を代入すると、

$$1020 = 1000 \times [1 + 1.35 \times 10^{-3} \times (t_2 - 0)]$$
（この場合 t_1 は 0℃）

$$= 1000 \times (1 + 1.35 \times 10^{-3} \times t_2)$$

$$= 1000 \times (1 + 0.00135 \times t_2)$$

$$= 1000 + 1.35 t_2$$

$$\therefore 1.35 t_2 = 20$$

したがって、

t_2（膨張後の温度）$\fallingdotseq 14.8$℃

求めるガソリンの液温に最も近いものは、**4** の **15℃** である。

［本冊 p.91］

問 19　静電気
【解答　　2】

　引火性液体に静電気が帯電しても、**電気分解を起こすことはない**。

　3 の静電気による災害防止策には、**接地**のほかに、給油時などでは物質の**流速を遅く**する、空気中の**湿度を高く**するといった必須ポイントがある。

［本冊 p.92 〜 94］

■静電気除去の三大ポイント

問 20　物質の分類
【解答　　1】

1 ×　塩化ナトリウム水溶液（NaCl 水溶液）は塩化ナトリウム（NaCl）と水（H_2O）の**混合物**であり、化合物ではない。

2 ○　水は、電気分解により水素と酸素に分解する**化合物**である。
$$2 H_2O \xrightarrow{\text{電気分解}} 2 H_2 + O_2$$

3 ○　硫黄（S）、銅（Cu）は**単体**である。

4 ○　酸素（O_2）とオゾン（O_3）は**単体**であり、それと同時に、互いに**同素体**（同じ元素からなる単体が 2 種類以上ある場合）である。

5 ○　ガソリンは、おおむね炭素数 4 〜 10 程度の炭化水素の**混合物**で

5

ある。

［本冊 p.98］

■物質の分類

問21　酸と塩基,水素イオン指数(ph)
【解答　　4】

塩酸は、**酸**なので、pHは7より**小さい**、また水酸化ナトリウムの水溶液は**塩基**なので、pHは7より**大きい**。塩酸と水酸化ナトリウム水溶液を反応させると塩化ナトリウムと水ができるが、この反応を**中和**という。

［本冊 p.125、127］

問22　有機化合物（官能基による分類）
【解答　　5】

1○　$(-\underline{OH})$ と $(CH_3\underline{OH})$。

2○　$(-\underline{NO_2})$ と $(C_6H_5\underline{NO_2})$。

3○　$(-\underline{COOH})$ と $(CH_3\underline{COOH})$。

4○　$(-\underline{NH_2})$ と $(C_6H_5\underline{NH_2})$。

5×　$(-SO_3H)$ と (C_6H_5COOH)。安息香酸（C_6H_5COOH）にはスルホ基（スルホン酸基）$(-SO_3H)$は入っていない。スルホ基（スルホン酸基）の入った物質の例には、ベンゼンスルホン酸（$C_6H_5SO_3H$）がある。

［本冊 p.140 ～ 141］

問23　燃焼
【解答　　3】

1○　**燃焼の定義**であり、正しい。

2○　燃焼の**三要素**が**同時に存在**することは、燃焼の原理である。

3×　酸素は燃焼に不可欠な酸素供給体であるが、酸素自体は**燃焼しない**。

4○　酸素との**接触面積が大きい**ことは、燃焼しやすい条件の1つである。

5○　このような木炭の燃焼の仕方を**表面燃焼**という。

［本冊 p.143 ～ 146］

問24　可燃性蒸気の濃度
【解答　　5】

題意の混合気体の可燃性蒸気の容量パーセントを計算すると、

$$\frac{14}{14+100} \times 100 \fallingdotseq 12.3$$

したがって、12.3％となる。

この値が燃焼範囲（爆発範囲）内にある物質が燃焼する。

したがって、**エタノール、アセトン、二硫化炭素**が該当する。

［本冊 p.150 ～ 151］

問25　消火器の取扱い上の留意点
【解答　　1】

水溶性液体用泡消火薬剤は「**耐アルコール泡消火薬剤**」ともいわれ、特殊泡である。泡を溶かす**水溶性液体**の火災には、普通の泡を用いても効果が薄

いため、特殊な耐アルコール泡消火器を使う。水溶性液体用泡消火薬剤を使用するものは、2（アセトアルデヒド）、3（アセトン）、4（エタノール）、5（ピリジン）である。1（二硫化炭素）は、非水溶性であり該当しない。

［本冊 p.162、178］

問26　危険物の類ごとに共通する性状
【解答　　3】

1 ×　第1類の危険物は、**酸化性**の**固体**である。

2 ×　第2類の危険物は、可燃性の**固体**である。引火性を有するものもある。

3 ○　第3類の危険物は、固体または液体で、**禁水性**物質と**自然発火性**物質があるが、多くのものはその両方の性質を有する。

4 ×　第5類の危険物はきわめて燃焼速度が速い**可燃性**物質で、加熱分解等により爆発的に燃焼する。

5 ×　第6類の危険物は、**不燃性**の**液体**で、酸化力が強く、他の可燃物の燃焼を著しく促進する。

［本冊 p.167］

問27　第4類の危険物の一般的な性状
【解答　　3】

第4類危険物の蒸気比重は1より**大きく**、蒸気は**低所**に滞留しやすい。

［本冊 p.170 ～ 172］

問28　ガソリンの火災の消火方法
【解答　　4】

ハロゲン化物消火剤は、第4類危険物全般の消火に**効果的である**。

［本冊 p.177］

問29　水溶性の第4類の危険物の消火方法
【解答　　1】

アセトンは水溶性の液体なので、一般の泡消火剤は**適応しない**。消火剤として泡を用いる場合は、**水溶性液体用泡消火薬剤（耐アルコール泡消火薬剤）**を使用する。

［本冊 p.178］

問30　二硫化炭素の火災予防の方法
【解答　　5】

二硫化炭素を貯蔵する際は、容器、タンク等に水を張って水中に保存し、**蒸気**の発生を防ぐ。

［本冊 p.181］

■二硫化炭素の保存の例

問31　ガソリンの性状
【解答　　4】

ガソリンの燃焼範囲は、**1.4 ～ 7.6**vol％である。

［本冊 p.185］

問 32　灯油の性状
【解答　　2】

灯油の引火点は 40℃以上である。

［本冊 p.196］

問 33　動植物油類の性状
【解答　　2】

ヨウ素価が**大きい**ものほど自然発火しやすい。

［本冊 p.207］

問 34　それぞれの危険物の引火点
【解答　　4】

ガソリンの引火点は− 40℃以下（自動車用ガソリン）、ベンゼンの引火点は− 11.1℃、エタノールの引火点は13℃、灯油の引火点は 40℃以上、重油の引火点は 60 〜 150℃、ギヤー油（第 4 石油類）の引火点は 200℃以上250℃未満である。

［本冊 p.185、187、193、196、201、204］

問 35　事故事例と対策（セルフ型スタンド）
【解答　　3】

給油口キャップを開ける前に、自動車の**金属部分**などに触れて静電気を逃がす。

［本冊 p.211］

模擬試験［第 2 回］

問 01　第 4 類の危険物の品名の定義
【解答　　4】

アルコール類とは、1 分子を構成する炭素の原子の数が **1 個から 3 個**までの飽和 **1 価アルコール**（変性アルコールを含む）をいい、含有量が**60%未満**の水溶液を除く。

［本冊 p.10］

問 02　製造所等の区分
【解答　　5】

1 ×　給油取扱所は、固定給油設備により、**自動車などの燃料タンク**に直接給油するため危険物を取り扱う取扱所である。鋼製ドラム等の運搬容器にガソリンを直接給油するのは**対象外**である。

2 ×　屋外貯蔵所は、屋外の場所（**タンク以外**）において、**容器に収納した**危険物を貯蔵し、または取り扱う貯蔵所である。

3 ×　製造所は、**危険物を製造する施設**である。燃料に大量の重油等を使用するボイラー施設などは**一般取扱所**である。

4 ×　移動タンク貯蔵所は、**車両に固定された**タンクで危険物を貯蔵し、または取り扱う貯蔵所である。**タンクローリー**などが該当し、鉄道貨車のタンクは**含まれない**。

5 ○　第1種販売取扱所は、店舗で**容器入り**のままで指定数量の倍数が **15 以下**の危険物を販売する取扱所である。

［本冊 p.14 〜 15］

問 03　指定数量

【解答　　2】

A　トルエン（指定数量 200L）

　　$500 ÷ 200 = 2.5$

B　酢酸（指定数量 2,000L）

　　$10000 ÷ 2000 = 5$

C　エタノール（指定数量 400L）

　　$1000 ÷ 400 = 2.5$

それぞれの危険物の指定数量の倍数を**合計する**と、$2.5 + 5 + 2.5 = 10$ となる。

指定数量の倍数の計算の問題では、第 4 類以外の危険物の指定数量が出題されることもある。第 4 類以外の危険物の指定数量についても、主なものは覚えておくとよい。

［第 4 類以外の危険物の指定数量（一部抜粋）］

・**第 2 類** 硫化りん、赤りん、硫黄…100kg、鉄粉…500kg、引火性固体（固形アルコール　他）…1,000kg

・**第 3 類** カリウム、ナトリウム、アルキルアルミニウム…10kg、黄りん…20kg

・**第 6 類** すべて（過酸化水素、硝酸他）…300kg

［本冊 p.11 〜 12］

問 04　保安距離

【解答　　2】

1 ×　製造所等と**同一敷地外**にある住居が保安対象物である。製造所等と同一敷地内にある住居は対象ではない。

2 ○　**幼稚園**は保安対象物である。

3 ×　そのものが、**重要文化財である建造物、重要有形民俗文化財等である建造物**は保安対象物である。しかし、**重要文化財である美術品**を保管する倉庫は対象ではない。

4 ×　保安対象物となる学校は、**小学校、中学校、高等学校、幼稚園**等である。大学、短期大学は対象に含まれない。

5 ×　使用電圧が 7,000V を超える特別高圧**架空電線**が保安対象物である。使用電圧が **7,000V 以下**の架空電線、もしくは地下に埋設された**埋設電線**は対象ではない。

［本冊 p.34 〜 35］

問 05　所要単位

【解答　　5】

危険物は、指定数量の **10 倍**を 1 所要単位とする。

［本冊 p.56］

問 06　給油取扱所の基準

【解答　　2】

1 ×　給油空地は、漏れた危険物が**浸透しないための舗装**をすること。浸透性の高い**アスファルト舗装**

は、給油空地の舗装には**適さない**。

2 ○ 専用タンクの容量は、**制限がないため正しい**。なお、廃油タンクの容量は **10,000L 以下**である。

3 × 給油取扱所の周囲の塀には、出入口などの**開口部を設けてはならない**。

4 × 固定給油設備の給油ホースは、先端に弁を設けた全長 **5m 以下**でなければならない。

5 × 給油取扱所に診療所は**設置することはできない**。

［本冊 p.48 ～ 49］

問 07　許可の取消し
【解答　　3】

B、D が該当する。

A は、製造所等で危険物を取り扱う**危険物取扱者**が**保安講習**を受講していないときは、都道府県知事から**免状の返納**を命じられることがあるが、許可の取消し、使用停止命令を命じられる内容に該当しない。C は、製造所等の用途の**廃止**の**届出**義務違反は、許可の取消し、使用停止命令を命じられる内容に該当せず、**罰金等の罰則規定**が定められている。E は、危険物保安監督者の**選任**の**届出**義務違反は、許可の取消し、使用停止命令を命じられる内容に該当せず、**罰金等の罰則規定**が定められている。

許可の取消しまたは使用停止命令の対象とならず、罰金または拘留などの罰則が定められている違反についても押さえておく。また、危険物取扱者免状の書換えや、保安講習の違反などについても対象とならないことを覚えておく。

［本冊 p.75］

問 08　許可の申請
【解答　　3】

製造所等（移送取扱所を除く）の**設置場所**により、**申請先が異なる**ことに注意する。消防本部および消防署を置く区域の市町村は**市町村長**、その他の区域は**都道府県知事**が申請先である。

［本冊 p.16、18］

問 09　使用停止命令
【解答　　4】

製造所等で危険物を取り扱う危険物取扱者が、危険物取扱者**免状の返納**を命じられたときは、使用停止命令を命じられる内容に**該当しない**。

［本冊 p.75］

問 10　危険物取扱者の責務
【解答　　2】

製造所等においては、**指定数量未満**の危険物であっても、危険物取扱者以外の者が取り扱う場合は、甲種または乙種危険物取扱者が**立ち会わなければならない**。

［本冊 p.19 ～ 20］

問11　保安に関する検査
【解答　4】

B、E が正しい。

A は、保安検査は特定の**屋外タンク貯蔵所**と**移送取扱所**が検査対象である。C は、保安検査は**市町村長等**が行う検査である。D は、原則として、特定屋外タンク貯蔵所は **8 年に 1 回**、特定の移送取扱所は **1 年に 1 回**、保安検査を行う。

［本冊 p.32 ～ 33］

問12　危険物保安監督者の業務
【解答　2】

製造所等の位置、構造または設備の変更その他法に定める諸手続きに関する業務は、**製造所等の所有者**等が行う。

［本冊 p.16、25］

問13　移送、移動タンク貯蔵所の基準
【解答　5】

1 × 移動タンク貯蔵所の所有者の有する資格とは関係なく、移動タンク貯蔵所による危険物の移送は、その危険物を取り扱うことができる**危険物取扱者を乗車**させなければならない。

2 × 移送する危険物の危険等級とは関係なく、移動タンク貯蔵所による危険物の移送は、その危険物を取り扱うことができる**危険物取扱者を乗車**させなければならない。

3 × 移送をする者は、**移送の開始前**に、移動貯蔵タンクの底弁、マンホールおよび注入口のふた、消火器等の**点検を十分に**行わなければならない。

4 × 積載型以外の移動貯蔵タンクの容量は、**30,000L 以下**とする。移動タンク貯蔵所には、**積載式**（車両等に積み替えるための構造を有しているもの）、**積載式以外**などがあるが、積載式以外の移動タンク貯蔵所が一般的であり、この積載式以外の移動タンク貯蔵所の移動貯蔵タンクの容量は、30,000L 以下と定められている。

5 ○ 危険物を移送する移動タンク貯蔵所は、移送する危険物を取り扱うことができる**危険物取扱者が乗車**するとともに、**危険物取扱者免状**を携帯しなくてはならない。

［本冊 p.72 ～ 73］

問14　運搬の基準
【解答　4】

第 4 類の危険物と混載が禁止されているのは、**第 1 類、第 6 類の危険物**（混載が認められているものは、その他の第 2 類、第 3 類、第 5 類の危険物）。第 4 類の危険物と混載禁止の危険物の類をしっかりと覚えておけば解ける問題である。また、問題文の「指定数量以上の数量」は「**指定数量の**

「10分の1を超える数量」であっても、同じ規定が適用される。

[本冊 p.70]

問 15　貯蔵・取扱いの基準
【解答　　2】

危険物の**燃焼**による廃棄は可能である。**焼却**する場合は、**安全な場所で**、かつ、燃焼または爆発によって他に危害または損害を及ぼすおそれのない方法で行うとともに、**見張人**をつけなければならない。

[本冊 p.64]

問 16　熱の移動
【解答　　1】

ストーブに近づくと、ストーブに向いている体の面が熱くなるのは、熱の**放射**である。

[本冊 p.87 ～ 89]

問 17　静電気
【解答　　5】

1 ○　**静電気の定義**であり、正しい。

2 ○　身の回りでみる**静電気現象**である。

3 ○　静電気利用の遊びや学校での実験の例で、**エボナイト**は硬質ゴムである。

4 ○　例として、**金属のドアノブ**に触れたときにショックがある。

5 ×　静電気が蓄積しても蒸発はしない。静電気と液体の**蒸発とは関係がない**。

[本冊 p.92]

問 18　同素体
【解答　　2】

同じ元素からなる単体が 2 種類以上ある場合、それぞれの単体どうしのことを**同素体**という。問題では、**A** と **C** が同素体である。**A** の黒鉛（グラファイト）とダイヤモンドは、同じ炭素（**C**）のみからできている同素体、**C** の酸素（O_2）とオゾン（O_3）は、同じ**酸素（O）**のみからできている同素体である。

ほかに、**B** の一酸化炭素（CO）と二酸化炭素（CO_2）は化合物、**D** のノルマルブタン（C_4H_{10}）とイソブタン（C_4H_{10}）は化合物で互いに異性体、**E** の過酸化水素（H_2O_2）と水（H_2O）は化合物である。

[本冊 p.98 ～ 99]

問 19　原子の構造
【解答　　5】

原子は、陽子の数と電子の数が一致する（**陽子の数＝電子の数**）。

[本冊 p.102]

■原子の構造

［例］He（ヘリウム）

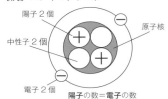

陽子 2 個
原子核
中性子 2 個
電子 2 個
陽子の数＝電子の数

問 20　原子（元素の周期表）

【解答　　4】

1 ×　周期表の縦の列を**族**、横の列を**周期**という。

2 ×　典型元素は周期表の縦の列（族）が同じ元素が**似たような性質を**有することが多い。

3 ×　ハロゲン族は、**1 価の陰イオン**になりやすい。フッ素、塩素、臭素などがある。

4 ○　**貴ガス**は 18 族の元素で、ヘリウム（He）、ネオン（Ne）、アルゴン（Ar）など**きわめて安定な**元素で、他の物質とほとんど**反応しない。**

5 ×　水素（H）を除く **1 族の元素を**を**アルカリ金属元素**、ベリリウム（Be）、マグネシウム（Mg）も含む **2 族の元素をアルカリ土類金属**という。

［本冊 p.105 〜 106］

問 21　化学反応式

【解答　　3】

化学反応式の**左辺**（原系）と**右辺**（生成系）で各原子の数が**一致している**かどうか、普通、C、H、O の順に数える方法（**目算法**）が効果的である。1 つの元素でも左辺と右辺の原子の数が**不一致**であれば誤りである。

1 ×　左辺と右辺で、H、O の原子の数が**不一致**である。

2 ×　左辺と右辺で、C、H、O の原子の数が**不一致**である。

3 ○　左辺と右辺で、C、H、O の原子の数が**一致している。**

4 ×　左辺と右辺で、O の原子の数が**不一致**である。

5 ×　左辺と右辺で、C、H、O の原子の数が**不一致**である。

［本冊 p.115］

問 22　反応熱

【解答　　2】

反応の際、**熱を吸収**する反応は**吸熱反応**であり、**熱を発生**する反応は**発熱反応**である。

3 の反応熱の単位〔kJ/mol〕のうち、kJ は「キロジュール」と読む。5 は、**生成熱**＝化合物 1mol が単体から生成するときの反応熱、**中和熱**＝酸と塩基の中和で 1mol の水が生成するときの反応熱である。

［本冊 p.117］

問 23　酸化剤と還元剤

【解答　　5】

酸化剤としてはたらくか還元剤としてはたらくかは、**反応の組合せによって異なる場合がある。**たとえば、過酸化水素（H_2O_2）は普通は酸化剤であるが、過マンガン酸カリウム（$KMnO_4$）のような強い酸化剤と反応するときには還元剤としてはたらく。

［本冊 p.131 〜 132］

■金属のイオン化列

リチウム	カリウム	カルシウム	ナトリウム	マグネシウム	アルミニウム	亜鉛	鉄	ニッケル	スズ	鉛	水素	銅	水銀	銀	白金	金
Li ＞	K ＞	Ca ＞	Na ＞	Mg ＞	Al ＞	Zn ＞	Fe ＞	Ni ＞	Sn ＞	Pb ＞	(H₂)* ＞	Cu ＞	Hg ＞	Ag ＞	Pt ＞	Au

大 ◀━━━━━━━ イオン化傾向 ━━━━━━━▶ 小

＊水素（H_2）は金属ではないが、金属と同様に水溶液中で陽イオンになるので、比較のためにイオン化列の中に加えている。そのため（　　）にしてある。

問 24　金属の腐食
【解答　　1】

　金属のイオン化列によりイオン化傾向は Mg・Al・Zn ＞ Fe なので、**C、D、E** の組合せが正しい。鋼製配管はいわゆる鉄（Fe）であるので、Fe よりも**イオン化傾向の大きいマグネシウム（Mg）やアルミニウム（Al）や亜鉛（Zn）と接続する**と、**鉄の腐食を防ぐこと**ができる。

　A の鉛（Pb）、**B** の銀（Ag）は鉄（Fe）よりもイオン傾向が小さく、鉄の腐食を防ぐことはできない。

［本冊 p.134 ～ 136］

問 25　消火器の種類等
【解答　　3】

1○　水は**霧状**にすると感電の危険は少ないので、電気設備の火災に使用可能である。

2○　**強化液**（炭酸カリウムの水溶液）は木材等の火災に適応する。

3×　電気設備の火災には、泡消火器は**泡を伝わって感電する危険性がある**ので使用できない。

4○　二酸化炭素は**電気の不良導体**なので、電気設備の火災に使用可能である。

5○　**リン酸塩類（リン酸アンモニウム）の粉末**は石油類の火災に適応する。

［本冊 p.160 ～ 161］

問 26　第 1 類から第 6 類の危険物の性状等
【解答　　2】

　消防法上の危険物は、常温（20℃）においては**液体**、または**固体**である。

［本冊 p.166 ～ 167］

■物質の状態と危険物

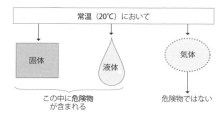

問 27　第 4 類危険物の貯蔵・取扱いの注意事項
【解答　　5】

　室内で取り扱う際は、蒸気を屋外の**高所**に排出する。

［本冊 p.173 ～ 174］

問 28　静電気が発生するおそれがある場合の注意事項

【解答　　4】

タンクや容器に危険物を注入するときは、なるべく流速を遅くする。

［本冊 p.175、186］

問 29　アセトアルデヒドの性状

【解答　　5】

アセトアルデヒドの引火点は－ 39℃である。

［本冊 p.181］

問 30　ベンゼン、トルエンの性状

【解答　　3】

ベンゼンの引火点は－ 11.1℃、トルエンの引火点は 4℃である。

［本冊 p.187］

問 31　メタノール、エタノールの性状

【解答　　4】

メタノールには毒性があるが、エタノールには毒性はない。

［本冊 p.193］

問 32　重油の性状

【解答　　2】

重油の比重は 0.9 ～ 1.0 で、一般に水より軽い。

［本冊 p.201］

問 33　動植物油類の性状

【解答　　2】

不飽和脂肪酸を多く含む（ヨウ素価が大きい）ものは自然発火する危険性が高く、乾性油と呼ばれる。

［本冊 p.206 ～ 207］

問 34　それぞれの危険物の引火点

【解答　　3】

それぞれの危険物の引火点は次のとおりである。

ジエチルエーテル　－ 45℃

ガソリン（自動車ガソリン）　－ 40℃以下

アセトアルデヒド　－ 39℃

ベンゼン　－ 11.1℃

トルエン　4℃

エタノール　13℃

酢酸　39℃

灯油　40℃以上

重油　60 ～ 150℃

ギヤー油（第 4 石油類）　200℃以上 250℃未満

［本冊 p.180、181、185、187、
193、196、199、201、204］

■第 4 類危険物の引火点

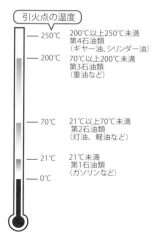

引火点の温度

250℃　200℃以上250℃未満
第4石油類
（ギヤー油、シリンダー油）

200℃　70℃以上200℃未満
第3石油類
（重油など）

70℃　21℃以上70℃未満
第2石油類
（灯油、軽油など）

21℃　21℃未満
第1石油類
（ガソリンなど）

0℃

問 35　水溶性の第 4 類危険物

【解答　　4】

1× 　アセトアルデヒド、メタノール
　　は、ともに**水溶性**の液体である。

2× 　アセトンは**水溶性**、軽油は**非水
溶性**の液体である。

3× 　酸化プロピレン、ピリジンは、
　　ともに**水溶性**の液体である。

4○ 　ベンゼン、灯油は、ともに**非水
溶性**の液体である。

5× 　ガソリンは**非水溶性**、グリセリ
ンは**水溶性**の液体である。

　　　　　　　［本冊 p.178、185、187、
　　　　　　　　　　　　196、197］

危 乙種解答カード

<マーク記入例>

良い例	悪い例
●	小さい点　い点　うすい線

法令

問1	問2	問3	問4	問5	問6	問7	問8	問9	問10	問11	問12	問13	問14	問15
①	①	①	①	①	①	①	①	①	①	①	①	①	①	①
②	②	②	②	②	②	②	②	②	②	②	②	②	②	②
③	③	③	③	③	③	③	③	③	③	③	③	③	③	③
④	④	④	④	④	④	④	④	④	④	④	④	④	④	④
⑤	⑤	⑤	⑤	⑤	⑤	⑤	⑤	⑤	⑤	⑤	⑤	⑤	⑤	⑤

物理・化学

問16	問17	問18	問19	問20	問21	問22	問23	問24	問25
①	①	①	①	①	①	①	①	①	①
②	②	②	②	②	②	②	②	②	②
③	③	③	③	③	③	③	③	③	③
④	④	④	④	④	④	④	④	④	④
⑤	⑤	⑤	⑤	⑤	⑤	⑤	⑤	⑤	⑤

性質・消火

問26	問27	問28	問29	問30	問31	問32	問33	問34	問35
①	①	①	①	①	①	①	①	①	①
②	②	②	②	②	②	②	②	②	②
③	③	③	③	③	③	③	③	③	③
④	④	④	④	④	④	④	④	④	④
⑤	⑤	⑤	⑤	⑤	⑤	⑤	⑤	⑤	⑤

<記入上の注意>
1. マークは記入例を参考にし、良い例のように塗りつぶしてください。
2. 記入は必ず HB 又は B の鉛筆を使用してください。
3. 訂正の場合は、消しゴムできれいに消してください。
4. 用紙を折り曲げたり、汚したりしないでください。
5. 所定の欄以外にマークしたり、記入したりしないでください。

※コピーして使用してください。

試験日　　月　　日

受験地

氏名

受験番号

| ① ② ③ ④ ⑤ ⑥ ⑦ ⑧ ⑨ ⓪ |
| ① ② ③ ④ ⑤ ⑥ ⑦ ⑧ ⑨ ⓪ |
| ① ② ③ ④ ⑤ ⑥ ⑦ ⑧ ⑨ ⓪ |
| ① ② ③ ④ ⑤ ⑥ ⑦ ⑧ ⑨ ⓪ |
| ① ② ③ ④ ⑤ ⑥ ⑦ ⑧ ⑨ |
| Ⓑ Ⓒ Ⓓ Ⓔ Ⓕ Ⓖ |

試験種類
第1類
第2類
第3類
第4類
第5類
第6類

※矢印の方向に引くと解答・解説が取り外せます。

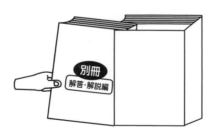